100 FAKTEN

VW GOLF

Vorwort

Ein Auto als Star, als bewundertes Kultgefährt? Aber ja doch – der VW Golf ist genau so eine Ikone und dabei faszinierender und emotionaler als alle anderen Vertreter der Kompakt-Klasse. Seit einem halben Jahrhundert zeigt er, wie man's macht! Denn dieses Auto brach 1974 mit allen bisherigen Konventionen der Wolfsburger Käfer-Company. Es setzte sich mit einem völlig neuen Konzept an die Spitze im Segment der Kompakten, dem er schon bald seinen Stempel aufdrückte und zur „Golf-Klasse" machte.

Sein Äußeres ist schlicht, aber zeitlos, praktisch und dennoch elegant. Weitsichtige Formgestalter wie Giorgio Giugiaro und später Hartmut Warkuss oder Walter de Silva schufen ein Design, das radikal mit dem Käfer brach und dennoch eines mit ihm gemeinsam hatte: Er war und ist ein echter Wagen fürs Volk. Zudem bietet er Technik vom Feinsten, denn Volkswagen konnte sich zu allen Zeiten dank seiner Rekord-Absatzzahlen ausgereifte, zukunftsweisende Antriebe und Fahrwerke leisten. Dazu kam die beispielhafte Gesamtqualität, die unter den Spitzenmanagern Ferdinand Piëch und Martin Winterkorn noch mal richtig Fahrt aufnahm.

Neben den preiswerten Basis-Technologien kamen Hochleistungs-Benziner und Hightech-Diesel ins Programm, wurden Spritsparlösungen wie die Start-Stopp-Technologie, die Mehrventiltechnik und die Aufladung per Turbolader und/oder Kompressor angeboten. Gerade mit dem Golf und seinen zahlreichen Derivaten vom Cabrio über die Stufenheck-Limousine und das leichte SUV bis zum Kombiwagen unterstrichen die Wolfsburger ihren Anspruch, die automobile Spitze zu markieren. Bis vor kurzem mischte Volkswagen auch erfolgreich im Motorsport mit, ein Thema, das sich heute auf besonders scharfe Versionen des GTI fokussiert.

Über 37 Millionen des Bestsellers binnen acht Generationen sind bislang auf die Straßen von über 70 Ländern gerollt: Der Golf ist das erfolgreichste Auto der Welt. Trotz oder gerade wegen der Hinwendung zur E-Mobilität wird es so weitergehen. Aktuelle Golf-Jubiläumstreffen wie jüngst das GTI-Fan-Fest in Wolfsburg signalisieren die ungebrochene Treue der Fans. Für sie und für alle anderen, die beim Thema Golf mitreden wollen, haben wir Fakten und Insiderwissen zusammengetragen – Erstaunliches, Unbekanntes und manchmal auch Skurriles.

Viel Spaß beim Blättern wünscht

Eberhard Kittler

INHALT

Am letzten Juli-Wochenende traf sich in Wolfsburg die internationale GTI-Familie zum großen „GTI-Fanfest" unter dem Motto „Icons Coming Home". Nach 2017 und 2018 war es das dritte große Event zu Ehren des Sport-Golfs, das Volkswagen selbst ausrichtete. Es wurde das erwartet großartige Event, zu dem etwa 35.000 Fans aus dem In- und Ausland anreisten.

Impressum

Verlag:
HEEL Verlag GmbH
Pottscheid 1
53639 Königswinter
Tel.: 02223 9230-0
Fax: 02223 9230-13
E-Mail: info@heel-verlag.de
www.heel-verlag.de

Herausgeber:
Franz-Christoph Heel

Projektmanagement:
Thorsten Elbrigmann

Autor:
Eberhard Kittler

Bildbearbeitung:
Fred Klöpfel

Gestaltung:
Axel Mertens,
Stefan Witterhold

Covergestaltung:
Axel Mertens

Herstellung:
Fred Klöpfel

Fotonachweis:
Alle Fotos: Archiv Kittler, Volkswagen AG, Stiftung Auto-Museum Volkswagen
Coverbild: © Ullstein Bild, Christoph Börries, AUTO BILD

Vertrieb:
DVM Der Medienvertrieb GmbH & Co. KG
Meßberg 1, 20086 Hamburg
Tel.: 040 30191800
www.dermedienvertrieb.de

Druck:
Georg-Westermann-Allee 66
38104 Braunschweig

Datenschutzerklärung:
ds.heel-verlag.de

Gerichtsstand:
Königswinter

ISSN: 4193-7636
ISBN 978-3-96664-974-2

GTI FAN
FEST

FAKT 1

A-HNEN-REIHE

Volkswagen gliedert seine Baureihen seit dem Generationswechsel von den Pkw mit luftgekühlten (Käfer & Co) zu denen mit wassergekühlten Motoren mit den Buchstaben von A bis D. A steht für die Golf-Klasse, B für den Passat und D für den Phaeton. Verwirrenderweise finden sich unter dem Buchstaben A alle weiteren Kleinen – also A0 für Polo und A00 für Lupo. Bisher erschienen acht Generationen des Golfs, der bis Anfang 2024 in allen Varianten weltweit insgesamt über 37 Millionen Mal hergestellt wurde.
Spitzenreiter war der Golf I (1974-1982, 6,9 Mio), dicht gefolgt vom Golf II (1983-1991, 6,3 Mio). Vom Golf III (1991-1997) entstanden 4,8 Mio, vom Golf IV (1997-2003) 4,9 Mio. Der Golf V (2003-2008) kam auf 3,4 Mio, der Golf VI (2008-2012) auf 3,6 Mio. Vom Golf VII (2012-2019) wurden 6,3 Mio gebaut, während von dem seit 2019 vertriebenen Golf VIII bis heute rund eine Million ausgeliefert wurde.

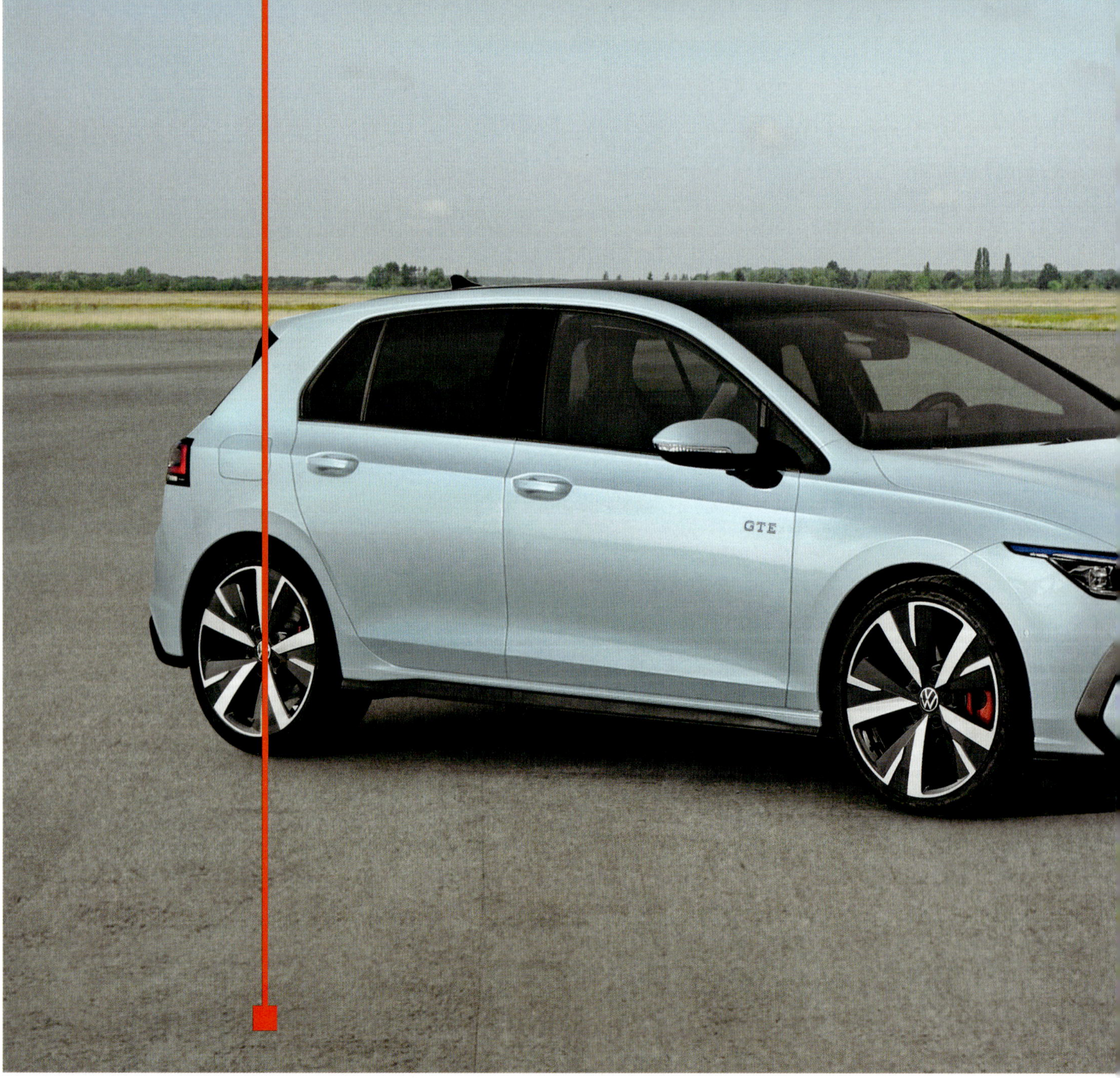

FAKT 2

ADIDAS

Zum VW-Treffen am Wörthersee zeigte Volkswagen im Jahr 2010 ein Sondermodell des Golf VI GTI: Der auf 4.410 Einheiten limitierte Golf GTI adidas war eine Crossmarketing-Aktion mit dem Schuh- und Modeproduzenten aus Herzogenaurach. Er war 2.800 Euro teurer als ein „ziviler" GTI. Dafür gab's ein exklusives Interieur (bestickte Stoffbahnen mit den typischen drei Streifen im Mittelbereich) und Features wie LED-Rückleuchten, Xenonscheinwerfer oder anders gestaltete Aluräder.

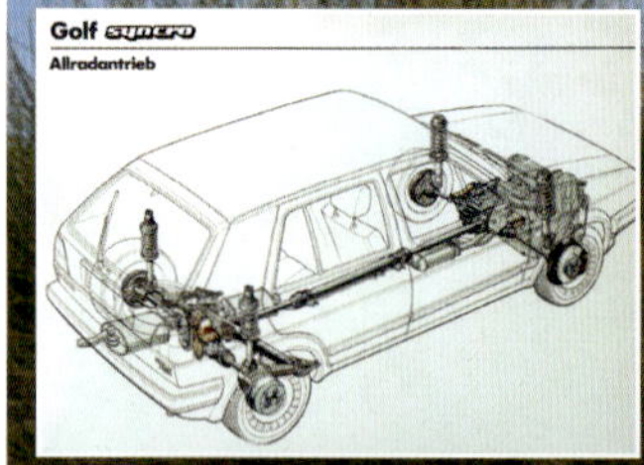

ALLRADANTRIEB

Seit 1986 kann man mit dem Golf auch in leichtes Gelände durchstarten. Vor allem aber diente das neue Allradsystem „syncro" einer besseren Traktion bei forcierter Fahrweise und erleichterte den Zugbetrieb. Ursprünglich sollte die Technologie als „tetra" vermarktet werden, aber der gleichnamige Verpackungshersteller hatte Einspruch erhoben. Das System basierte auf einer Viscokupplung im Ölbad, die bedarfsgesteuert und achsweise agierte. 1998 folgte dann die bis heute genutzte, blitzschnell ansprechende Haldex-Kupplung, die ursprünglich für den Rallyesport entwickelt wurde. Bedarfsweise schickt sie bei Schlupf Antriebskraft nicht nur auf eine Achse, sondern nur aufs betreffende Einzelrad. VW bezeichnete schon bald alle Allrad-Fahrzeuge des Hauses – unabhängig von der eingesetzten Technologie – als „4motion".

FAKT 4

ALLTRACK

2014 debütierte auf der New York International Auto Show der Golf VII Alltrack, basierend auf der Variant-Version. Das Auto wurde etwas höher gelegt, bekam Radlaufverbreiterungen, ausgestellte Seitenschweller, Unterfahrschutz, neu gestaltete Stoßfänger und zahlreiche weitere eigenständige Ex- und Interieur-Besonderheiten. Der Golf Alltrack verfügt über den Allradantrieb 4motion mit anwählbarem Offroad-Fahrprofil. Als Antrieb standen Otto- und vor allem drei TDI-Motoren mit 81 kW /110 PS bis 135 kW / 184 PS bereit.

FAKT 5

ARTZ-GOLF

Günter Artz, der umtriebige Geschäftsführer des VW-Autohauses Nordstadt in Hannover, baute von Ende der 70er bis Ende der 80er-Jahre eine Reihe völlig verrückter Autos auf – zunächst auf VW-Basis, später auch auf Audi, Mercedes, Opel und Porsche. Seine aufsehenerregendste Schöpfung war der nur zweimal gefertigte Artz-Golf von 1979: Basis war ein Porsche 928 mit V8-Motor, ursprünglich 240 PS stark, auf den die vergrößerte Karosserie eines Golf I gesetzt wurde. Tatsächlich wurden lediglich die Türen des Golfs verwendet, alle übrigen Karosserieteile sind sündhaft teure Einzelfertigungen. Gegenüber dem originalen Golf I wurde das Auto um 21 cm verbreitert und um 30 cm verlängert. Der Innenraum entspricht dem des Porsche 928: mit höhenverstellbaren Instrumenten und den typischen Sitzen, Konsolen und den eierbecherförmigen Schaltern.

FAKT 6

AUFLADUNG

Die Aufladung von Pkw-Motoren, egal ob Benziner oder Diesel, ist eigentlich ein uraltes Thema. Volkswagen offerierte ab 1982 einen via Turbolader befeuerten Golf Diesel, der bei einer Leistung von 70 PS um immerhin 16 Pferdestärken und beim Drehmoment von 133 Nm um 33 % Zugkraft zulegte. Ab Ende der 80er brachten die Wolfsburger den Polo G40 und den Golf G60 mit leistungssteigerndem G-Lader. Dieser mechanische Spirallader ähnelte einem Kompressor und stellte kurz oberhalb der Leerlaufdrehzahl zusätzliches Drehmoment zur Verfügung – ein Vorteil gegenüber der Turbo-Technik mit dem gewöhnungsbedürftigen „Turboloch". Durch ein Machtwort von Ferdinand Piëch endeten alle Diskussionen um die Sinnfälligkeit der Konzepte, und alle aufgeladenen Motoren wurden künftig mit Abgas-Turboladern versehen. Einziger Turbo-Benziner war der 1.8 T, wie er in Golf IV/Bora eingesetzt wurde. Der Golf V TSI ab 12/2005 bekam sogar Doppelaufladung mit Kompressor und Turbolader (Twincharger). Heute sind alle Benzin- und Dieselmotoren per Turbo aufgeladen.

FAKT 7

AUTO DES JAHRES

Der erste VW, der als Auto des Jahres („Car of the Year" – kurz: COTY) geehrt wurde, war 1992 ein Golf der Generation III. Die seit 1964 von einem internationalen Journalistenteam aus sieben europäischen Ländern vorgenommene Wahl ist durchaus umstritten, entpuppten sich doch viele Preisträger nicht unbedingt als nachhaltige Siegertypen in der Automobilgeschichte. Die Siegerliste belegt, dass Fiat neunmal, Renault und Peugeot je sechsmal, Ford und Opel je fünfmal und VW nur viermal zu den Geehrten gehörten. Bei den Wolfsburgern gewannen neben dem Golf III der Polo V, der Golf VII sowie der Passat B8. Neu hinzugekommen ist 2024 der ID.7.

FAKT 8

A59

Nach den erfolgreichen Einsätzen von Golf I und II im Rallyesport, aber auch bei Rundstreckenrennen, wollte die Motorsportabteilung in Hannover das Engagement in der WRC (World Rally Championship) auch mit dem Golf III fortsetzen. In Zusammenarbeit mit SMS (Schmidt Motorsport) entstand 1992 der 275 PS starke, äußerlich deutlich angeschärfte A59 für den Einsatz in der Gruppe A. Er verfügte über einen Allradantrieb mit hydraulisch gesteuertem Zentraldifferenzial. Der Motor basierte auf dem 2.0-Liter-Vierventiler des GTI 16S. Aber bereits nach zwei Prototypen endete das Projekt – der A59 wurde niemals im Rennbetrieb eingesetzt. Und auch die reglementskonformen 2.500 Straßenversionen sind nie gebaut worden. Ein Wagen befindet sich heute in der Sammlung von Volkswagen Classic in Wolfsburg.

BESUCHERDIENST-BÄHNLE

FAKT 9

Für Besucher des Werkes Wolfsburg stellt das Unternehmen ganz spezielle Fahrzeuge bereit – Zugfahrzeuge mit Anhänger und Solofahrzeuge, um durch die Hallen zu fahren. Auch die Stadt Wolfsburg setzte das Käfer-Bähnle und den Golf-Zug für Rundfahrten ein. Eine modifizierte Golf I Limousine von 1978 wurde mit einem angekoppelten Anhänger für ca. 30 Fahrgäste kombiniert. Sie verfügte über eine hydraulisch wirkende Bremse. Über einen Notschalter konnte das Gefährt von den Fahrgästen zum Stehen gebracht werden. Heute gehört der mit grünen Streifen versehene Viertürer zum Bestand des Zeithauses der Autostadt. Aufgeschnittene Golf ab der Generation I waren und sind im Werk Wolfsburg unterwegs, ihre Höchstgeschwindigkeit wurde aber auf 6 km/h limitiert. Für den im AutoMuseum gezeigten Golf-II-Achtsitzer mit 1,8-Liter-Motor von 1986 wurden drei Serien-Golf zerschnitten und zusammengesetzt.

BLUE MOTION

FAKT 10

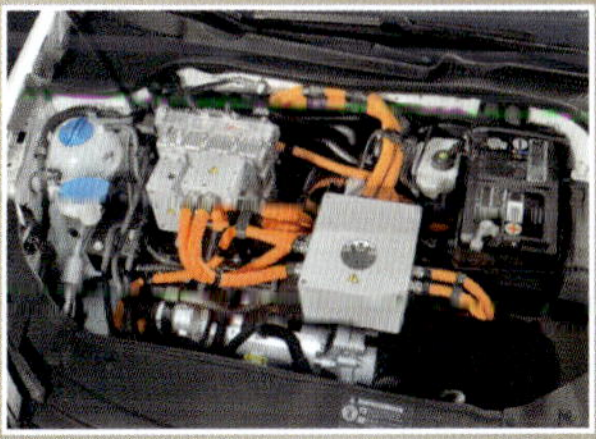

Seit 2009 adelte Volkswagen besonders sparsame Fahrzeuge der jeweiligen Baureihen mit den Begriffen „BlueMotion“ bzw. „BlueMotion Technology“. Das jeweils umweltfreundlichste BlueMotion-Modell unterschied sich auch optisch von den anderen Familienmitgliedern. Zunächst hatten BM-Fahrzeuge grundsätzlich Dieselmotoren, später kamen auch sparsame Benziner oder der Gasantrieb hinzu. BlueMotion-Technology-Pakete werden dagegen mit den verschiedensten Ausstattungsvarianten bei unveränderter Optik kombiniert – vieles davon (beispielsweise Start-Stopp und Bremsenergierückgewinnung) findet sich heute in nahezu allen Serienmodellen. BM-Fahrzeuge wurden in puncto Luft- und Rollwiderstand optimiert. Zudem wurden die Motoren und Getriebe besonders verbrauchsgünstig ausgelegt.

FAKT 11

BOHSE

Der Karosseriebetrieb von Johann Bohse in Dörpen (zwischen Emden und Dortmund) versuchte sich ab 1984 an einem preiswerten Cabrioumbau, zunächst noch auf Basis des Golf I („Bohse Sprinter"). Zwischen einer Handvoll und kaum glaubhaften 30 Exemplaren sind entstanden, genaue Zahlen fehlen. Ein Exemplar des kantigen Mobils mit GFK-Aufbau – vermutlich der Prototyp – steht im PS Speicher in Einbeck, Volkswagen war jedenfalls nicht bereit, weiter Teile zuzuliefern, woraufhin Bohse auf den Lada Niva (VAZ 2105) als Basisfahrzeug umsattelte. Mindestens 20 dieser gewöhnungsbedürftigen Euro-Star-Cabrioderivate entstanden.

FAKT 12

BON JOVI

Zur Ankurbelung des Golf-III-Absatzes setzte Volkswagen auf die Strahlkraft von populären Rockgruppen wie Bon Jovi (1996), Rolling Stones (1995) und Pink Floyd (1994). Der Genesis (1992) bezog sich aufs weitergeführte Cabrio. Daneben gab's auch die Sondermodelle Europe, Savoy, GTI-Edition, New Orleans, VR6 Edition, Avenue, Movie, Cool, Joker und Family. Die Sonderserien des Golfs wurden entsprechend gebrandet, die Signets fanden sich auch beim Interieur. Und bei der Namensgebung anhand von Rockgruppen tauchten die Musiker in der Werbung auf – und gaben bis 1996 von VW gesponsorte große Konzerte, unter anderem in Wolfsburg. Dass mit dem eine Klasse höher positionierten, vom Passat abgeleiteten Santana zehn Jahre zuvor ähnliche Absichten verfolgt worden seien, ist allerdings eine Ente. Tilman Grund vom Santana-Register Braunschweig: „Der Name Santana soll auf die Begeisterung der Frau des damaligen Chefdesigners Herbert Schäfer zurückzuführen sein. Carlos Santana wurde nie gefragt, und er trat nie für Volkswagen auf."

FAKT 13

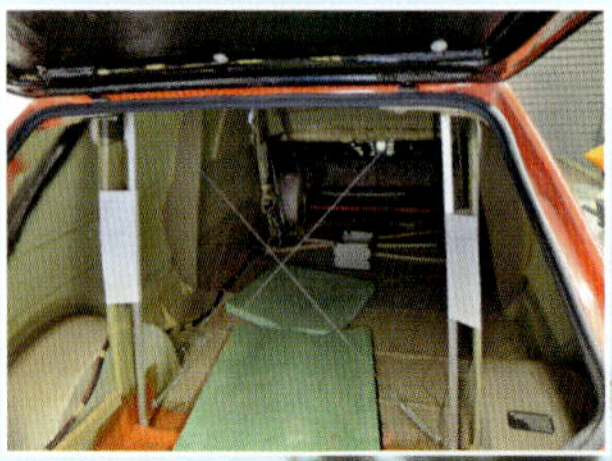

BOOTS- UND FLUG-GÖLFE

Anlässlich des Wörthersee-Treffens 1988 brachte Volkswagen gleich zwei sehr spezielle Gölfe mit. Zum einen den nur 120 kg leichten Flug-Golf im GTI-II-Look aus handlaminiertem Kunststoff, der an einem Fallschirm hing und von einem Boot hochgezogen wurde. Der Pilot lag in dem Hohlkörper und konnte nur durch eine Öffnung im Grill nach draußen blicken. Ihm zur Seite gesellte sich im Wasser ein Boots-Golf aus Kunststoff und Karbon, ebenfalls als GTI II zurechtgemacht, aber mit einem eigenen 60-PS-Marine-Motor mit Schiffsschraube. Jeweils sechs Wochen Arbeitszeit steckten in den Showcars. Beide Unikate wurden 2014 während der Sonderausstellung „40 Jahre Golf" gezeigt.

FAKT 14

BRIEFMARKE

Wirklich erfolgreiche Autos werden über kurz oder lang auf einer Briefmarke verewigt. Der Golf I war 2017 an der Reihe – die Deutsche Bundespost brachte eine 90-Cent-Marke mit dem Konterfei des frühen Kompakten sowie eine gleichdotierte Abbildung des Opel Manta heraus. Präsentiert wurde der Markenblock im Haus der Geschichte in Bonn. Als Berater für die Golf-Aktion fungierte Volkswagen Classic, wo man ein Foto des einmillionsten Golf aus dem Jahr 1976 zusteuerte. Das Auto war in einer grauen Sonderfarbe lackiert, die es ansonsten damals nicht im Programm gab – leider wurde der Hinweis auf das Jubiläumsexemplar auf der Marke nicht angegeben. Das Fahrzeug gehört übrigens zum Fahrzeugbestand der Autostadt.

FAKT 15

CADDY

Der Pickup auf Golf-I-Basis war zunächst eine typische US-Story: Mit deutscher Entwicklungshilfe entstand er zunächst ausschließlich im US-Werk Westmoreland. Produziert wurde er von 1979 bis 1993. Der 4,37 m lange Zweitürer durfte bis 625 kg tragen und verfügte über eine hintere Starrachse an Längs-Blattfedern. Von 1983 bis 1992 wurde er auch im jugoslawischen TAS-Werk in Sarajevo gebaut und von dort aus u.a. nach Deutschland geliefert. Bis 2007 lief er zum guten Ende im südafrikanischen Werk Uitenhage vom Band, wobei es in Europa damals bereits Nachfolger auf Skoda- bzw. Seat-Basis gab. Nur ein Einzelstück blieb ein Caddy auf Golf-III-Basis, der 1993 in Wolfsburg aufgebaut wurde.

FAKT 16

CES-GOLF

Die CES (Consumer Electronics Show) in Las Vegas hat sich längst von der reinen Consumer-Show zu einem Schaufenster entwickelt, in dem Automobilhersteller ihre neuesten Entwicklungen in puncto Connectivity vorstellen. Im Januar 2015 zeigte Volkswagen dort einen Golf R Touch mit drei Displays und einer Fülle von Konnektivitäts-Lösungen. Erstmals gezeigt wurde auch eine neue Bedienung via Gestensteuerung. Bei der CES 2024 präsentierte VW zum einen das aktuelle Facelift des Golf VIII – mit großem Zentraldisplay und benutzerfreundlicherer Bedienung. Denn viele Kunden kamen mit der bisherigen intuitiven Handhabung nicht zurecht. Noch 2024 soll das auf Künstlicher Intelligenz basierende Chatbot „ChatGPT" integriert werden. Künftig wird es möglich sein, dank neuer Sprachassistenz-Software viel mehr Fragen über die Bedienung etc. beantwortet zu bekommen. Volkswagen will als erster Volumenhersteller ChatGPT in Serienfahrzeuge einbauen.

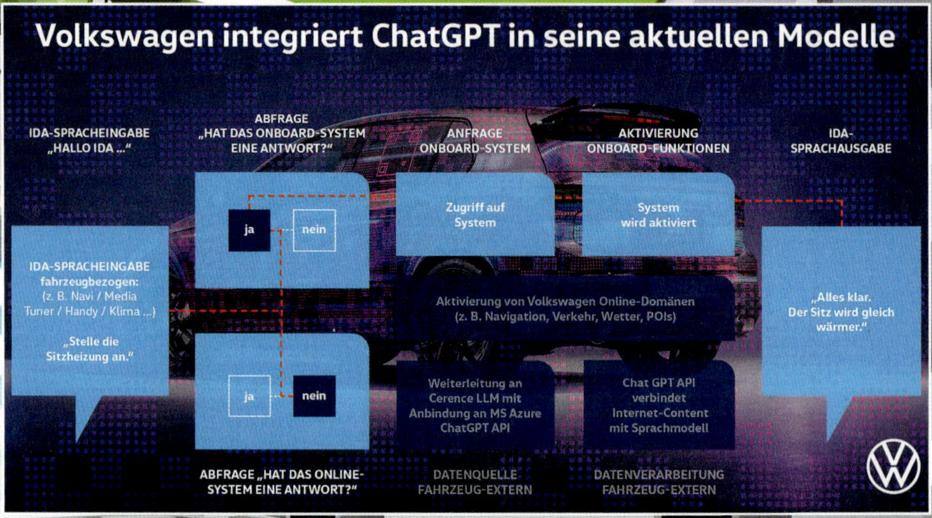

CITI GOLF

Das VW-Einstiegsmodell Südafrikas, der rechtsgelenkte Citi Golf, basierte noch auf dem Golf I. 65 Prozent der Bauteile blieben identisch mit denen des Original-Golf, ansonsten wurde stilistisch und technisch modifiziert (Gestaltung der Heckpartie/Sicke der C-Säule, Golf-III-Bauteile, Instrumententräger Skoda Fabia). Das Auto war konkurrenzlos billig und blieb bis 2009 im Programm. Weil sich der ursprünglich ebenfalls in Südafrika vertriebene Golf II schlecht verkaufte, hatte man die Produktion des Golf I in den 80ern wieder aufgenommen. Insgesamt 377.484 Einheiten entstanden. Den Abschluss der Citi Golf-Produktion bildete das Sondermodell Citi Mk1.

FAKT 17

FAKT 18

CITYSTROMER

Die frühen Elektro-Golf von VW liefen unter dem Namen CitySTROMER. Es begann mit dem Golf I, der nach einem Einzelstück von 1976 ab dem Jahr 1981 zusammen mit RWE in einer kleinen Stückzahl von 25 Einheiten entstand. Die Autos waren mit einem E-Motor ausgestattet und hatten eine Reichweite von etwa 60 km. Vom Golf II entstanden bis 1991 gleich zwei Serien des CitySTROMERS. Insgesamt etwa 70 Stück bildeten eine Versuchsflotte. Einige wenige dieser 15-kW-Autos gelangten später in private Hände. Verwendet wurde hier noch die alte Bleisäure-Technologie. Mit dem elektrifizierten Golf III, der übrigens ausschließlich im Werk Zwickau-Mosel gebaut wurde, wandte man sich ab 1993 das erste Mal an private Käufer: In Summe entstanden 120 Exemplare mit 17,5 kW starkem Wechselstrom-Synchronmotor (Reichweite 90 km). Diese Autos wurden zu einem Stückpreis von 49.500 DM verkauft. Die Optimierung der Elektro-Strategie wurde fortgesetzt, wobei ab dem Golf IV serienrelevantere Technologien unter dem neuen Namen E-Golf verwendet wurden.

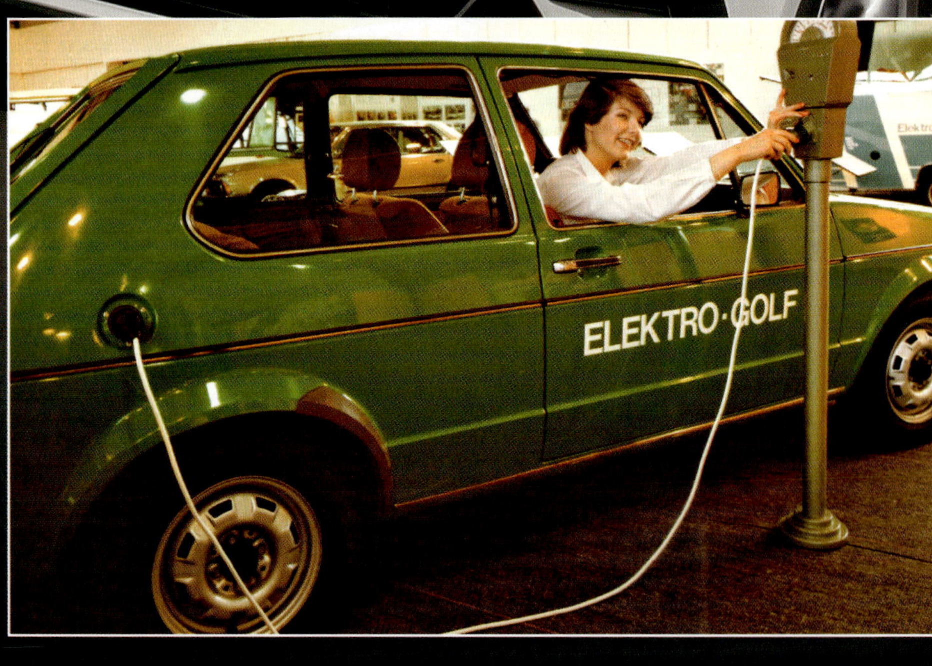

CLUBSPORT

Erstmalig widmete sich Volkswagen dem Thema Golf GTI Clubsport in der Generation VII Anfang 2016: Angeboten wurde damals eine 265 PS/ 195 kW starke Sonderserie, im Herbst folgte dann der nur 400-mal gebaute Clubsport S mit 310 PS / 228 kW (nur als Zweitürer, Schalter, ohne Rückbank). In den folgenden Golf VIII-Ausführungen GTI, Golf GTI Clubsport (2020-2024) und im Golf R wurde erneut ein verschärfter 2,0-Liter-TSI-Motor eingesetzt, nun mit Leistungen bis 320 PS / 235 kW. Anlässlich des 45-jährigen Jubiläums des GTI hatte Volkswagen 2021 schließlich das limitierte, selbstverständlich frontgetriebene Sondermodell Golf VIII GTI Clubsport 45 mit 300 PS / 220 PS lanciert. Noch stärkere Serien-Leistungen soll es nicht mehr geben, um den Abstand zum R-Modell zu wahren.

FAKT 19

FAKT 20

COLOUR CONCEPT

Für die Cabrioversion des Golf gab es Mitte der 90er optional die Colour Concept-Version mit den fünf Farben Red, Green, Yellow, Blue und Black. Im Laufe der Produktionszeit des Cabrios kamen weitere Sondermodelle hinzu, beispielsweise Joker, Highline und schließlich die Classic Edition. 2002 endete die Produktion der letzten Golf Cabriolet-Generation mit Bügel. Auch die Golf III Limousine war in der Colour-Ausstattung mit der einzigartigen Lack- und Leder-Ausstattungskombination zu haben.

FAKT 21

COUNTRY

Technikchef Ernst Fiala lancierte die Idee zum höhergelegten Golf II fürs (leichte) Gelände – quasi einem der allerersten SUV der Automobilgeschichte. Ursprünglich sollte er „Montana" heißen, kam aber dann als „Country". Gebaut wurde der Viertürer von Mai 1990 bis Dezember 1991 bei Steyr-Daimler-Puch (heute: Magna Steyr) in Graz. Dort wurden komplette Golf CL syncro entsprechend umgerüstet mit einem Hilfsrahmen, der die Karosserie 120 mm höher legte, mit Rammbügel, Unterfahrschutz und Reserveradhalter außen. Der 98 PS/72 kW-Motor wurde nach unten versetzt.

Schon bald kamen zwei weitere Sonderversionen mit dem gleichen 1,8-Liter – der Country Allround (160 Einheiten) und die 52.200 DM teure Chrom-Edition (558 Einheiten). Zur heute gesuchtesten Version entwickelte sich die Country GTI-Version mit 107 PS/ 79 kW, die in einer Miniauflage von 50 Stück nur für VW-Mitarbeiter gebaut wurde („Wolfsburg-Edition"). Insgesamt entstanden 7.735 Countrys, ein geplanter Country Concept III ging nie in Serie.

FAKT 22

CROSS GOLF

Der Cross Golf von 2006 bis 2010 entstand auf Basis des Golf Plus als Raumfahrzeug der Golf-V-Generation. Manche Kritiker schmähten dieses nutzwertige Auto als eher langweilig, während andere im Golf Plus mit dem deutlich bequemeren Zustieg und mehr Kopffreiheit den wahren Golf zu erkennen glaubten. Mit dem Cross Golf bot VW ab Herbst 2006 ein cooles, höher gelegtes Fahrzeug mit Kotflügelverbreiterungen, Unterbodenschutz und weiteren freizeitbetonten Modifikationen. Es blieb allerdings genau wie beim Golf Plus beim Vorderradantrieb, so dass allenfalls leichtes Gelände bewältigt werden konnte. Einen Cross Golf der Golf-Generation VI gab es nicht mehr, während der Golf Plus weiterlebte und zum Sportback mutierte. Dem Cross Golf erspart blieb der beim Cross Touran vorgenommene fragwürdige Versuch, ihn äußerlich mit sichtbarer Spurverbreiterung und fetteren Reifen hinten auszustatten – obwohl diese Autos nie eine angetriebene Hinterachse hatten.

FAKT 23

DESIGNER

Eigentlich ist der Golf ein Italiener – war doch seine Urversion als EA 337 von Giorgio Giugiaro gezeichnet worden. Vorherige Entwürfe von Volkswagen selbst, von Audi und von Pininfarina waren durchgefallen. VW-Chefdesigner Herbert Schäfer teutonisierte den Golf, der ganz am Anfang noch mit Rechteckscheinwerfern kommen sollte. So wurde im Interesse des Insassenschutz die Frontscheibe steiler gestellt, die breite und stilbildende C-Säule blieb allerdings bis zum Golf VIII bestehen. Schäfer verantwortete den Golf II, wobei für ihn Evolution vor Revolution ging – was dem Golf eine permanente Familienähnlichkeit und damit vergleichsweise gute Wiederverkaufswerte der jeweils alten Generation bescherte. Auch der Golf III und alle seine Nachfolger entstanden bei Volkswagen selbst, wobei die Chefdesigner wechselten: Zeitlos gelang auf jeden Fall der Golf IV von Hartmut Warkuss. Seine Nachfolger waren u.a. Walter de Silva, Murat Günak und Klaus Bischof, denen inzwischen Andreas Mindt gefolgt ist.

FAKT 24

DIESEL-PAUKENSCHLAG

Befeuert durch die Ölkrise der frühen 70er entwickelte Volkswagen einen kleinen, sparsamen Diesel, der mit 50 PS / 37 kW ab 1976 im Golf eingesetzt wurde – wobei sich hausintern durchaus Kritiker und Widersacher fanden. Abgeleitet war der Wirbelkammer-Diesel vom 1,5-Liter-Benziner („Verdieselung“). Mit unter 5 L/100 km konnte sich der Golf dennoch „wieselflink“ bewegen, wie die damalige Werbung versprach. Zwei Jahre später bot Volkswagen eine zweite, durchzugstärkere Variante mit 54 PS / 40 kW aus 1,6 Liter Hubraum an. Spritziger kam dann der Turbo-Diesel mit 70 PS / 51 kW Anfang der 80er-Jahre daher. Nächster großer Entwicklungsschritt waren die Diesel mit 1,9 Liter, deren Highlight – der TDI – Anfang der 90er Einzug hielt.

FAKT 25

DISNEYS EINFLUSS

Autonomes Fahren? Bei Volkswagen hat man sich bereits beim Golf I intern damit beschäftigt, ging und geht es doch dabei um größtmögliche Sicherheit und Unfallvermeidung. Aber autonom entscheidende Autos werden wohl noch etwas Zeit brauchen, während allein fahrende Autos mit angelernter Streckenkenntnis sich heute schon zu Forschungszwecken einsetzen lassen: Hier geht es um die unbedingte Reproduzierbarkeit von Fahrsituationen, was bei der Entwicklung bestimmter Systeme hilft. Volkswagen stellte 2005 einen 200 PS starken Golf V GTI „53+1“ vor, der dank eines Radarsensors eine ausgewählte Strecke eingescannt hatte. Und diese Strecke absolvierte er anschließend ohne Zutun eines Fahrers in Bestzeit – und das beliebig oft. „53+1“ bezog sich auf die Startnummer des legendären „Herbies“, der in Walt-Disney-Filmen der 60er und 70er völlig autonom unterwegs war. Der Neue half dagegen dabei, Fahrzeugschwachpunkte in Fahrdynamiktests genau zu erkennen und abzustellen.

DSG

Direktschaltgetriebe (DSG) nannte VW sein automatisiertes Doppelkupplungs-Schaltgetriebe. Es arbeitete wie eine Automatik und schaltete auch unter Last. Zugkraftunterbrechungen waren nicht zu spüren. Wer es noch aktiver angehen wollte, schaltete selbst mit Wippen am Lenkrad. Erstmals kam das DSG im R32 der auslaufenden Golf-Generation IV zum Einsatz- Für alle stärkeren Motoren handelte es sich um „nasse", im Ölbad laufende Doppelkupplungen mit sechs Gängen, dem gesellten sich ab dem 1.4 TFSI „trockene" 7-Gang-Schaltboxen für die leistungsschwächeren Typen hinzu. Ab Anfang 2004 waren auch für den Golf mit TDI-Motoren (105 und 140 PS) die neuartigen, blitzschnell agierenden Getriebe zu haben. Wandler-Automakgetriebe gibt es seitdem in VW-Fahrzeugen mit Quermotor nicht mehr. Und der 2024 präsentierte Facelift-Golf VIII lässt vermuten, dass Schaltgetriebe künftig gar nicht mehr eingesetzt werden.

DUKAT

Basis für dieses kaum bekannte Unikat war ein Golf von 1977, den Günter Dukat aus dem schweizerischen Arbon 1981 in Privatregie zum Kunststoff-Sportcoupé umbaute. Für den 930 Kilo leichten und vier Meter kurzen Wagen nutze er Teile unterschiedlichster Herkunft. Vom Ferrari 308 GTB stammen die Stoßfänger und beide Außenspiegel. Die runden Blinker und Rückleuchten steuerte der Ferrari 365 GT4 BB zu. Und die Klappscheinwerfer kamen ursprünglich vom Porsche 928.

FAKT 28

ECOMATIC

Nur ein Jahr lang, 1993, lancierte VW den Golf III Ecomatic: ein 64-PS-Diesel-Fahrzeug (ein nicht aufgeladener SDI-Vierzylinder) mit neuartiger Spritspar-Technologie. Dahinter steckte eine Schwungnutzautomatik, die im Schiebebetrieb den Motor ausstellte – Fachleute nennen dies „Segeln". Die Start-Stopp-Vorrichtung fand sich in ähnlicher Form bei allen Nachfolgegenerationen der Golf-Reihe. Der damalige Normverbrauch lag bei 4,4 L/100 km. Den Garaus machte diesem sehr aufwändig entwickelten Modell der nagelneue TDI, der letztlich mehr Potenzial bot.

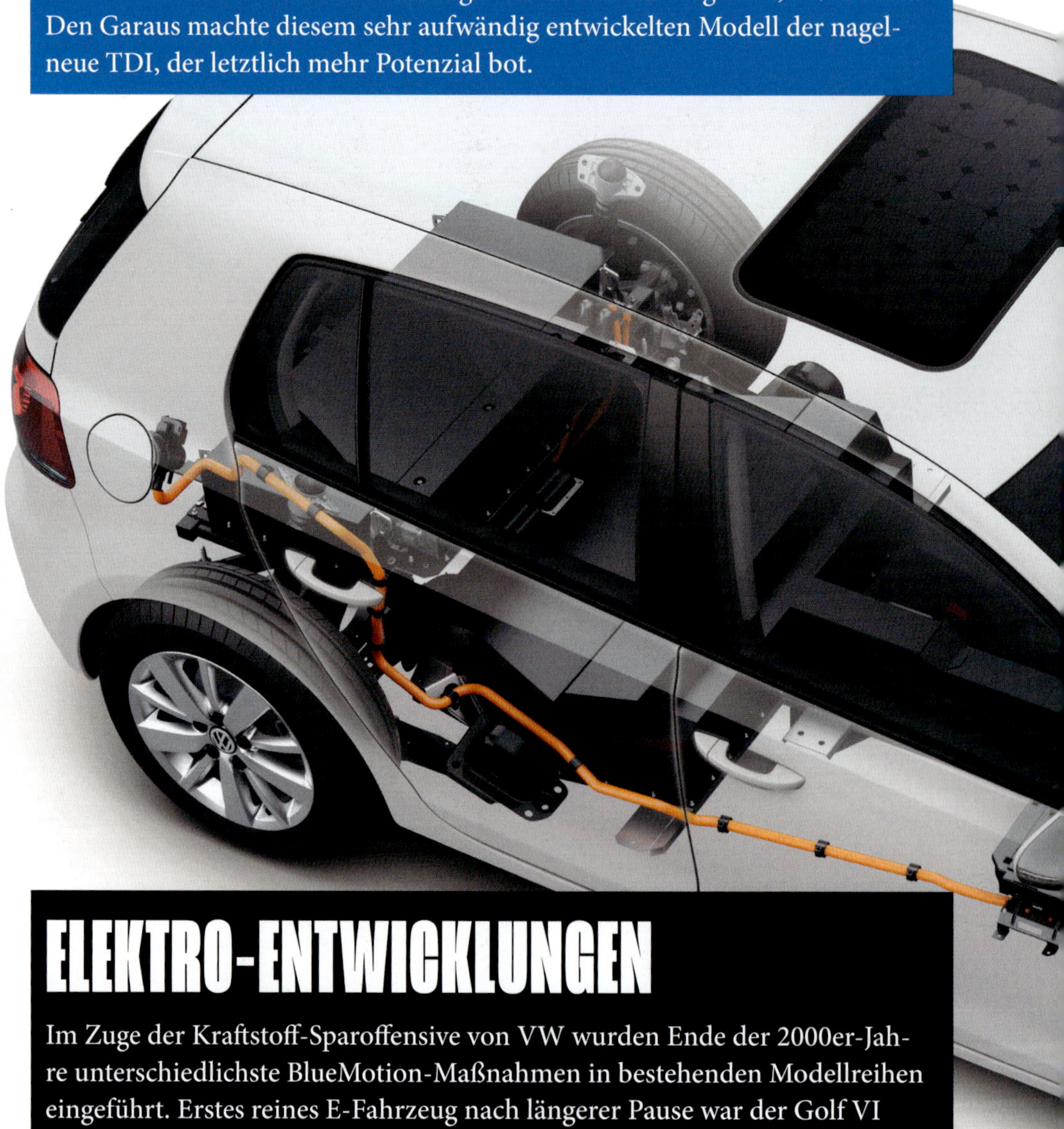

FAKT 29

ELEKTRO-ENTWICKLUNGEN

Im Zuge der Kraftstoff-Sparoffensive von VW wurden Ende der 2000er-Jahre unterschiedlichste BlueMotion-Maßnahmen in bestehenden Modellreihen eingeführt. Erstes reines E-Fahrzeug nach längerer Pause war der Golf VI Blue-e-Motion von 2010, der im Folgejahr seinen Flottentest mit 80 Autos absolvierte. Zum Einsatz kamen ein 115 PS /85 kW-Elektromotor mit topaktueller Lithium-Ionen-Technologie, verbessertem Rekuperationsmodus mit Bremsenergierückgewinnung, drei verschiedenen Fahrprofilen, einer Reichweite von ca 150 km und einem Schnellladesystem mittels Starkstrom.
2014 startete der in größerer Kunden-Serie produzierte e-Golf auf Basis der Generation VII. Sein Synchron-Elektromotor erstarkte während der Bauzeit des Autos auf 136 PS / 100 kW, womit 150 km/h und ein Sprint von 9,6 sec von null auf hundert möglich wurden. Lithium-Ionen-Batterietechnik und Antriebssystem im Fahrzeugboden waren unternehmenseigene Entwicklungen. Die Ladezeit auf 80 % Kapazität an einer CCS-Station dauerte nur 20 Minuten. Die Reichweite lag final bei maximal 300 km.

FAKT 30

ERDBEERKÖRBCHEN

„Erdbeerkörbchen“ wurde das Golf Cabrio genannt, das im Jahr 1979 den legendären offenen Käfer ersetzte. Beide entstanden beim langjährigen Kooperationspartner Karmann in Osnabrück. Stilbildend war nun die durchgehende B-Säule: Dieser Bügel, den anschließend alle anderen offenen Kompakten à la Opel oder Ford übernahmen, sorgten für den Spitznamen Erdbeerkörbchen. Die Vorteile: Zum einen eine Verbesserung der Steifigkeit, zum anderen eine exaktere Führung der Seitenscheiben. Über allem spannte sich ein fünflagiges Verdeck. Der Bügel versprach außerdem ein Plus an Sicherheit im Falle eines Überschlags. Rund 400.000 Einheiten der Serien I und I.5 sind zwischen Anfang 1979 und Juli 1993 entstanden. Zuvor hatte es Prototypen ohne diesen Bügel gegeben, und auch im Zeitalter der folgenden Golf-Cabrio-Generationen versuchte Karmann mehrfach, eine bügellose Alternative zu lancieren. Erst das Golf VI Cabrio (2011-2016) kam dann ohne Bügel daher.

FAKT 31

ERICHS LAMPENLADEN

Der 1976 eingeweihte „Palast der Republik“ am Ostberliner Marx-Engels-Platz hieß im Volksmund auch Erichs Lampenladen oder Palazzo Prozzo. Zwischen 1998 und 2008 wurde das repräsentative Gebäude entkernt und schließlich abgerissen, um Platz für das heutige Humboldt-Forum zu machen. Der recycelte, ursprünglich aus Schweden stammende Stahl der Grundkonstruktion des Bauwerks wurde zum einen nach Dubai für den Bau des Burj Khalifa geliefert. Der Rest des Eisens diente Volkswagen für den Guss von Motorenblöcken für den Golf VI (1,4 bis 2,0 Liter Hubraum), die in den Werken Salzgitter und Polkowice/Polen gebaut wurden.

FAKT 32

ESVW II

Der ESVW II (Experimentier-Sicherheits-Volkswagen) auf Golf I-Basis von 1975 verfügte über eine verstärkte Fahrgastzelle, selbstanlegende Schrägschultergurte, sowie ein Prallschutzsystem im gesamten Fahrgastraum. Reversible Stoßfänger, die einen leichten Aufprall problemlos verkrafteten, rundeten das Sicherheitssystem ab. Mit diesem Golf sollte Mitte der 70er-Jahre publikumswirksam gezeigt werden, wie aktive und passive Sicherheit sogar bei einem Serienfahrzeug der Kompaktklasse realisiert werden konnte – ohne dabei die Wirtschaftlichkeit zu vernachlässigen. Veranlasst dazu wurde Volkswagen durch die damaligen US-Sicherheitsnormen, die detailliert vorschrieben, wie sich ein Fahrzeug im Crash-Fall zu verhalten hat. Die US-Regierung hatte fünf Automobilhersteller – darunter Volkswagen – ausgewählt, entsprechende „Sicherheitsautos“ vorzustellen.

ETIENNE AIGNER

FAKT 33

Designerin Gunhild Liljequist entwickelte das Konzept, als der Vertrieb ein hochwertiges, besonders schickes Cabrio forderte – mit sportlich-elegantem und sehr exklusivem Zuschnitt. Inspirationen holte sie sich bei Aigner persönlich, der dann nur noch das Resultat absegnete. Selbst die Verdeckhüllen bestanden aus dehnfähigem Jacquard-Flachgewebe mit dem eingewebten hufeisenförmigen Aigner-Logo. Die exklusiven Sonderausstattungen waren außergewöhnlich. Allerdings kosteten die in drei Farben erhältlichen Cabrios deutlich mehr als gewohnt – mit Fünfgang-Schaltung kostete die 1,8-l-Version ab 35.890 DM, mit Automatik 37.050 DM. Auch andere an Modemarken angelehnte Sondermodelle gab es – beispielsweisen die legendäre „Fire & Ice"-Ausstattung, die sich an Willy Bogners Modekollektion orientierte. Andere Sondermodelle des Kultcabrios hießen Acapulco, Coast, Classic Line oder Sport Line.

FAKT 34

FARBEN

Überwogen beim Golf I noch helle Unifarben, veränderte sich der Kundengeschmack später zu dunklen Grautönen und zu Weiß. Den Farbgeschmack testete man anfangs mit Miniaturen in 1 : 4, wie links zu sehen anhand von Modellen des Golf-Vorläufers EA 266. Für den Golf I baute man sogar ein 1 : 1-Schnittmodell auf. Bis 1991wurden Acryllacke verwendet. Mit Inbetriebnahme der damals weltgrößten Lackiererei wurde auf Wasserlacke umgestellt, was zunächst Probleme brachte („Orangenhaut"). Die reine Fertigungszeit des Farbauftrags liegt heute bei drei Stunden, insgesamt dauert der mehrstufige Prozess einschließlich Tauchen, Grundieren, Füllern, Basis/Klarlackieren und Trocknen etwa zwölf Stunden. Insgesamt 16 Grundfarben sind bis heute im Angebot, darunter die Unifarben weiß, blau, schwarz und rot.

FAKT 35

FORMEL E

1981/1982 erhielten die VW-Baureihen Polo, Derby, Golf (hier betraf es den 1,1-Liter mit 50 PS und den 1,6-Liter-Saugdiesel), Jetta und Passat jeweils eine Formel-E-Variante. Unter dieser Bezeichnung liefen Modifikationen, die das Fahrzeug sparsamer machten – vor allem aerodynamische Details wie zusätzliche kleine Spoiler vorn und hinten, aber auch rollwiderstandsoptimierte Reifen. Dazu kam ein 3+E Schaltgetriebe mit längerer Gangübersetzung. Selbst eine Start-Stopp-Vorrichtung war – beim Golf allerdings optional – im Angebot, allerdings musste sie von Hand aktiviert werden. Erst Jahre später fanden sich ähnliche Maßnahmen in den BlueMotion-Modellen.

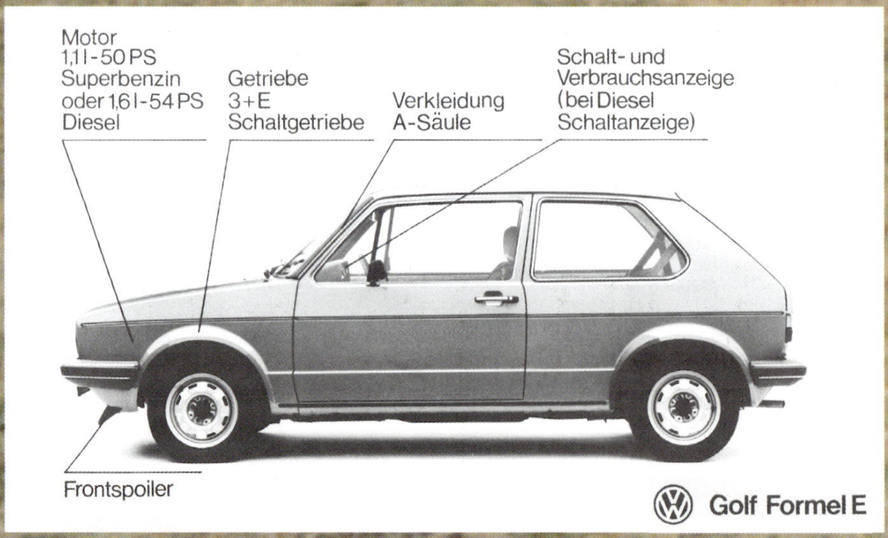

FAKT 36

GELÄNDE-CABRIO

Zeitlich etwas vor dem Golf II Country wagte sich der italienische Unternehmer Biagini an Entwicklung und Herstellung eines allradgetriebenen Gelände-Cabrios. Er nutzte dafür Fahrwerk- und Achsmodule des Golf II syncro und setzte eine modifizierte Golf I Cabrio-Karosserie mit Anbauteilen von Fiat und Opel darüber. Den Antrieb besorgte ein 1,8-Liter-Vierzylinder (98 PS) von Volkswagen. Obwohl sich der Biagini Passo als erstaunlich geländegängig erwies, sah Volkswagen keinen wirklichen Markt und unterstützte nur halbherzig. Zwischen 1989 und 1992 entstanden lediglich knapp 300 dieser in den Abruzzen gebauten Zwitter, die übrigens von freien Händlern auch in Deutschland angeboten wurden.

FAKT 37

GENERATION GOLF

„Generation Golf" ist der Titel eines 2000 erschienenen Buches von Florian Illies, das typische Merkmale der (bundesdeutschen) Jugend in den 1980er-Jahren aufzeigte. Nach dem Erscheinen des Buches wurde die Generation Golf, die zeitlich und hinsichtlich ihrer Charakterisierung etwas unscharf gegenüber der Generation X abgegrenzt wird, in Deutschland zum Schlagwort, um eine bestimmte Gruppe und ihre Einstellungen (beispielsweise die unkritische Konsumhaltung) zu beschreiben. Der SPIEGEL schrieb von einer „Generation bequemer Hedonisten, für die Mode und Marken politische Einstellung und den Wunsch nach Revolution ersetzt haben. Der Golf ist schick, neu und der kleinste gemeinsame automobile Nenner. Ein Wagen, den Mama und Papa ihren Nachkommen gern zum Abitur schenken, weil er solide ist".

GOLF MIT RUCKSACK

„Golf mit Rucksack" wurde zumindest in Deutschland recht despektierlich der ab 1979 mit Stufenheck und Rechteckscheinwerfern versehene zwei- oder viertürige Golf bezeichnet. Hierzulande war der Jetta (Typ 16) eine Antwort auf eine nie gestellte Frage, zumal er von VW höher positioniert werden sollte. Tatsächlich bot er mit ca. 500 Liter einen konkurrenzlos großen Gepäckraum – kam aber eben recht bieder und spießig daher. Auf anderen Märkten, allen voran den USA und später auch in China, war der Jetta ein voller Erfolg. Mit der dritten Golf-Generation hieß er bei uns Vento, mit der vierten Bora. Anschließend lief das immer hübscher werdende Stufenheckauto auch in Deutschland wieder als Jetta.

FAKT 39

GOLFSBURG

Anlässlich der fünften Generation des Kompakten nannte sich Wolfsburg für sechs Wochen – mit einem kräftigen Augenzwinkern – in „Golfsburg“ um. Selbst die Ortstafeln des Hauptbahnhofs wurden zwischen dem 25. August und dem 10. Oktober 2003 mit dem neuen Namen versehen – was auf weltweite Resonanz stieß. Für Andenkenjäger erstellte man ganze Kollektionen an Sammeltassen, Wimpeln etc. Vor dem Südkopf-Center in der Stadt stieg damals eine große Fete, und ein Erlebnis-Postamt gab Sonderstempel aus – für den 5.000 Wolfsburger Schlange gestanden haben.

GRANIT-GOLF

FAKT 40

Großartige Heldentaten verdienen ein Denkmal! Anlässlich des Wörtherseetreffens stellte 1987 die Gemeinde Reifnitz eine 25 Tonnen schwere Golf II GTI-Skulptur im Maßstab 1 : 1 aus schwedischem Granit auf. Gesponsort wurde der in der Steinmetzschule Königslutter hergestellte Gedenkstein von Volkswagen. Eine weitere Skulptur, diesmal als Golf VII, wurde 28 Jahre später am Wolfsburger Rabenberg auf der Haupt-Zufahrtsstraße aufgebaut. Volkswagen hatte sie der Stadt anlässlich des 75. Stadtgeburtstags spendiert. Offiziell enthüllt wurde sie am 27. Mai 2015. Der Golf im Maßstab 2,3 : 1 kam aus Wettstetten bei Ingolstadt, ist fast zehn Meter lang und acht Tonnen schwer. Anlässlich des 50. Golf-Geburtstags im März 2024 wurde die Skulptur festlich geschmückt und beschriftet – und so von VW-Markenchef Thomas Schäfer und Oberbürgermeister Dennis Weilmann der Öffentlichkeit präsentiert.

GTD

FAKT 41

Auf Basis des Wirbelkammer-Aggregats mit 1,6 Liter entstand 1983 der Turbo-Diesel mit 70 PS (51 kW). VW hatte die geniale Idee, das Ganze zum kultigen Sportdiesel-Modell zu machen – und erfand den GTD. Neben dem entsprechenden Logo verliehen ihm der Frontspoiler unter der Schürze analog zum Golf GTI und dessen Farbstreifen ein markantes Aussehen. Golf I mit Dieselmotor wurden übrigens sogar im Motorsport eingesetzt – mit Erfolg! Mit Golf-Generation VI (und anschließend Generation VII) kam die Bezeichnung GTD für den schnellen, aber vergleichsweise sparsamen Flitzer zurück. Die Kundschaft war entzückt: Bis zum Facelift des Golf VIII im Jahre 2024 blieb der GTD (mit 200 PS und 400 Nm) im Programm.

FAKT 42

GTI

Die Kreuzung des Golfs mit dem Audi 80 GTE-Einspritzmotor zählt zu den Geniestreichen der Automobilgeschichte. Denn mit dem GTI (**G**rand **T**urisme **I**njection) schuf VW die Gattung der kompakten Sportmobile, die bisherige Autobahn-Platzhirsche im Rückspiegel verschwinden ließen. Zunächst limitierte Volkswagen den Golf GTI auf 5.000 Exemplare entsprechend der Homologationsvorgabe für den Motorsport. Erhältlich war er anfangs in Rot, Schwarz und Weiß, charakteristisch waren u.a. die Sportsitze mit Karomuster und der Golfball-Schaltknauf – der sich auch in der heutigen GTI-Version wiederfindet. Das ursprüngliche Gesamtvolumen war sofort ausverkauft. Die dann folgende Serienproduktion übertraf alle Erwartungen. In erster Generation – mit 1,6-, dann bis Ende 1983 mit 1,8-Liter – fand er über 270.000 Kunden. Als Viertürer gab es ihn erst ab 1982. Nur in Generation VI kam auch ein GTI-Cabrio. Bis heute ist der GTI-Spitzenmodell jeder Golf-Generation (neben dem R). Die Motorleistung liegt gegenüber dem Urmodell ums Zweieinhalbfache höher (seit Feb. 2024 mit 195 kW / 265 PS), aber es ist beim Frontantrieb geblieben – inzwischen mit elektronisch geregeltem Sperrdifferenzial. Über 2,3 Millionen GTI sind bisher abgesetzt worden.

FAKT 43

GTI-CUP

1977 etablierte VW zunächst den Junior Cup, bei dem 40 identische GTI mit 110-PS-Motor gegeneinander antraten. Von 1978 bis 1982 lief die Rennserie dann unter dem Namen GTI Cup weiter. Zu den folgenden Modifikationen an den Fahrzeugen zählten Motoren, die bis 150 PS leisteten. Zehnmal pro Jahr starteten die spannenden Rennen bei Rundstrecken-Wettbewerben im Rahmenprogramm. Einige deutsche Tuner durften dabei speziell präparierte GTI einsetzen.

HIGHBRID

Während der Laufzeit des Golf IV entstanden einige Versuchsmuster des Golf Eco Power, auch als Highbrid bezeichnet: eine Hybrid-Version mit 115-PS-Diesel (1,4 L) und 15 kW-E-Wechselstrommaschine. Der Batteriesatz setzte auf 120 Nickel-Metallhydrid-Zellen. Betankt werden konnte das Fahrzeug (auch) mit umweltfreundlich hergestelltem Kraftstoff (SunDiesel). Schon in den Golf-Generationen I, II und III waren Hybride entstanden, ebenfalls nur in kleinster Stückzahl. Mit dem Golf V setzte VW dies mit dem TDI Hybrid mit 1,2-Liter-Dreizylinder versuchsweise fort. Parallel ging in Generation V und VI eine Twin-Drive-Ausführung in den Forschungsbetrieb.
Der Golf VII GTE ab 2014 war dann ein Plug-in-Hybrid mit 1.4-TSI-Verbrenner, der sich von außen laden ließ. Seine Systemleistung von 204 PS /150 kW erlaubte Fahrleistungen à la GTI. Gleich zwei Leistungsstufen gibt's im Golf VIII GTE seit 2020: den Golf e-Hybrid mit weiterhin 204 PS Systemleistung und den sportlicher abgestimmten Golf GTE mit 245 PS, beide wieder mit DSG-Getriebe. Kurzstrecken fahren beide rein elektrisch. Daneben offeriert VW Mildhybrid-Versionen (eTSI).

FAKT 44

FAKT 45

ILLUSTRE GOLF-FAHRER

Der Golf war – und ist – ein Auto für jedermann und jederfrau. Drum geht auch die Zahl der Prominenten, die ein solches Auto ihr Eigen nannten und nennen, ins Endlose. Nur ein paar Beispiele: Herbert von Karajan erhielt bereits 1978 einen speziell aufgebauten Viertürer-Golf GTI (der erst 1982 ins offizielle Programm gelangte). Das zweite Unikat bekam Giorgio Giugiaro. Auch Joachim Stuck belohnte sich früh mit einem Golf GTI. Schlager-Barde und Moderator Michael Schanze übernahm 1985 sein Cabrio. Zwei ostdeutsche Promis verdienen besondere Erwähnung: Katharina Witt besaß schon 1988 einen Golf II, und die spätere Kanzlerin Angela Merkel fuhr von 1990 bis 1995 ebenfalls einen Golf II – der später versteigert wurde, angeblich für 10.156,07 €. Auf Papst Benedikt XVI. (Ratzinger) war ein Golf IV Bj 1999 zugelassen, der für 188.984 € im Rahmen einer Auktion einen neuen Besitzer fand. In Knut Simons Golf-Buch sind prominente Golf-Fahrer aus Großbritannien genannt: Prinzessin Diana (Golf I in Miami-blau), Sir Anthony Hopkins (Golf II in Oak Green metallic), Cliff Richard (Golf II GTI), Queen Elizabeth (Golf II in Weiß).

IRVW I

Der „Integrated Research Volkswagen" von 1979 basierte auf dem ESVW II-Golf. Im Rahmen eines vom US-Verkehrsministerium finanzierten Forschungsauftrags entwickelte Volkswagen dieses Fahrzeug, das mit überschaubarem Aufwand Sicherheit, Wirtschaftlichkeit und Umweltfreundlichkeit unter einen Hut bekommen sollte. Neu war der 70 PS starke, turboaufgeladene 1,6-Liter-Diesel, der den Serien-GTD um Jahre vorwegnahm. Auch in puncto aktive und passive Sicherheit wurden wichtige Erkenntnisse gewonnen.

FAKT 46

JUBI-GOLF

Produktionsrekorde wurden bei Volkswagen gern und oft begangen. Am 25. Juni 2002 überholte der Golf die Gesamtstückzahl aller je hergestellten VW Käfer (21.517.417 Exemplare) – und avancierte so zum meistgebauten Volkswagen. Es handelte sich um einen Golf IV V5 Highline mit 170 PS in Reflexsilber-Metallic aus Wolfsburger Fertigung. Gebaut wurde der Golf zu diesem Zeitpunkt auch in Brüssel, Mosel, Bratislava, Curitiba und Uitenhage. Die Tagesfertigung von 3.600 Exemplaren sicherte fast 40.000 Arbeitsplätze auf drei Kontinenten.

FAKT 47

FAKT 48

JUGO-GOLF

Seit den 70er-Jahren produzierte die jugoslawische Firma TAS in Sarajevo (Hauptgeschäft: Waffen) im Zuge eines Joint Ventures Volkswagen in Lizenz – zunächst den Käfer, dann auch den Golf I in erheblichen Stückzahlen. Diese Fahrzeuge unterschieden sich äußerlich – bis auf das TAS-Logo – nicht von der Urversion, durften allerdings nicht in Westeuropa vertrieben werden. 1983 gesellte sich die Fertigung des Caddys hinzu, auch der Golf II und der Jetta II wurden in Jugoslawien hergestellt. Im Zuge des Bürgerkriegs endete 1992 die Lizenz-Produktion von Volkswagen-Modellen.

FAKT 49

KARMANN

Das Karosserieunternehmen Karmann in Osnabrück baute seit 1949 exklusiv das VW Käfer Cabrio. Ab 1979 entstand bei Karmann das Golf I Cabriolet. Optisch stark modifiziert, musste es zwei Generationen des Golfs überdauern, weil der Absatz ein eigenständiges Golf II Cabrio nicht rechtfertigte: Insgesamt entstanden vom ersten Modell 389.000 Stück. Im September 1993 folgte das neue Golf III Cabrio, das es sogar als Diesel-Ausführung gab. Mit einem Facelift und aktualisierter Technik versehen, folgte 1998 ein Cabrio im Golf-IV-Look. Parallel wurden in Osnabrück zwei Generationen des Sciroccos sowie der Corrado gebaut, zudem sprang Karmann als Überlaufproduzent für den Golf III Variant ein. Im Geheimen hatte man auch an bügellosen Zwischentypen gearbeitet. 2009 musste das Unternehmen Konkurs anmelden und ging an Volkswagen. 2011 bis 2016 folgte das offene Golf VI-Modell, und ab 2019 wird in Osnabrück das T-Roc Cabrio produziert.

KONZERNGESCHWISTER

FAKT 50

Von der Plattformstrategie des Golf IV profitierten ab der zweiten Hälfte der 90er auch die Konzerngeschwister Audi (mit dem A3 und dem TT) sowie Seat mit dem Leon und Skoda mit dem Octavia. Dank der Verwendung diverser Baugruppen verbilligten sich Entwicklung und Produktion. Damit konnten Innovationen einfließen, die ansonsten zu kostspielig geworden wären. Die gemeinsame Nutzung der jeweiligen Plattformen setzte sich bei den folgenden Generationen fort – bis heute.

KETCHUP GOLF SPECIALE

FAKT 51

Die von hauseigenen Fleischern hergestellte Volkswagen Currywurst gilt als kulinarischer Markenbotschafter des Hauses Volkswagen. Dazu gehört natürlich der speziell abgemischte Ketchup. 2010 lancierte Volkswagen Classic zweimal je 500 Flaschen mit Käfer- und Golf-I-Motiv, die bei den Fans reißenden Absatz fanden. Eingebunden in diese handstreichartige Aktion waren auch Grafiker von Volkswagen aus dem Mediencenter, welche die Etiketten gestaltet hatten.

FAKT 52

KRAFTSTOFF-ALTERNATIVEN

Mit der Ölkrise Anfang der 70er-Jahre suchte auch Volkswagen Alternativen zu den konventionellen Kraftstoffen. Bereits in der ersten Generation des Golf wurde Methanol getestet. Ende der 80er forschte VW weiter an Kraftstoffen aus nachwachsenden Rohstoffen: Polizeifahrzeuge in Niedersachsen und Bayern, darunter VW Golf, fuhren mit Benzin, dem 5 % Bioethanol beigemischt wurde. Im Rahmen eines Großversuchs ging anschließend eine Flotte von Jetta und Golf auf Testfahrt, deren Kraftstoff ca. 15 % Methanol enthielt. Für Dieselmotoren arbeitete man an Treibstoff aus Rapsöl. Selbst das Zumischen von Wasser zum Dieselkraftstoff wurde erwogen. Ein weiteres Thema waren und sind Alkoholkraftstoffe. Zudem versuchten die Forscher über Jahrzehnte, synthetisch erzeugte Kraftstoffe zu überschaubaren Kosten herzustellen. Heute laufen derartige Bemühungen unter dem Namen E-Fuel. Ebenfalls in die Kategorie Alternativkraftstoffe fallen Fahrzeuge, die mit Wasserstoff fahren – ein Thema, das noch an Bedeutung gewinnen wird.

FAKT 53

KUGELIGER KULTABLEGER

Zu den quasi traditionellen Ablegern des Golfs der vierten Generation – sprich Jetta (respektive Bora), Cabrio und Variant – kam Ende der 90er ein ganz neues Modell hinzu: der dem Käfer nachempfundene New Beetle. Auch Fiat mit dem 500er und Mini mit seinem schicken Kleinen waren Vertreter der damals topaktuellen Retro-Welle. Der New Beetle auf Basis des Golf IV erschien als Coupé und als Cabrio, aber das Kundeninteresse ging viel zu schnell vorbei. Die Neuauflage auf Basis des Golf VI, The Beetle von 2011, war viel überzeugender geraten. Aber auch hier befriedigte der Absatz von Coupé und Cabrio letztlich nicht. Daraufhin lief 2019 die Produktion im mexikanischen Werk Puebla aus.

FAKT 54

LANGSTRECKEN-REKORDFAHRT

Zur Einführung des neuen Golf unternahm der legendäre Autor Fritz B. Busch eine 30.000-km-Testfahrt entlang der Panamericana von Alaska bis Feuerland. Volkswagen spendierte zwei brilliantgelbe 70-PS-Zweitürer und schickte noch einen T2 Transporter mit Besatzung als Werkstattwagen mit. Pirelli beteiligte sich gleichfalls mit einem Sponsoring, sollte doch ein neuer Cinturato-P3-Stahlgürtelreifen beworben werden. Das gelang bestens: Binnen drei Monaten bewältigte das kleine Team die Tour bis zum südlichsten Punkt Amerikas – einschließlich eines 4.818 m hohen Andenberges. Bereifung und Besatzung hielten durch! Beide Fahrzeuge sind – fahrfähig, aber mit unüber-sehbaren Blessuren – erhalten geblieben und gehören heute zur Sammlung des AutoMuseums Volkswagen.

LEUCHTEN

FAKT 55

Heute gilt die Scheinwerfergestaltung als stilbildend fürs Autodesign – zu Zeiten des Golf I ging es ausschließlich um die Funktionalität. Golf I und II verfügten darum noch über absolut identische Hauptscheinwerfer, die von Hella sowie von Kooperationspartner FER Ruhla aus der DDR geliefert wurden. Erst mit dem Golf III veränderte sich die Schweinwerferform und -Technik (beispielsweise Klarglas-Freiformleuchten im Golf IV) – bis hin zu den heutigen ultraflachen LED-Lichtschlitzen für den Golf VIII. Dabei demonstrierte der Golf die rasante Entwicklung der Lichttechnologie, angefangen beim Halogenlicht über Xenon, Bi-Xenon bis zum kameragesteuerten Dauer-Fernlicht mit LED (Pixel-Technologie). Noch eine Bemerkung zum Innenraumambiente des Golf IV: Nur hier kam blaues Licht zum Einsatz – auf besonderen Wunsch von Ferdinand Piëch. Der Golf-Ableger Rabbit für die USA wurde übrigens ausschließlich mit Rechteckscheinwerfern ausgeliefert.

FAKT 56

LIMITED

Parallel zum Rallye-Golf kam der eng verwandte, von Volkswagen Motorsport lediglich 71 Mal manuell gebaute Golf Limited. Er war ebenfalls allradgetrieben, aber viel dezenter gestaltet. Das schmale, grundsätzlich viertürige Auto von 1989 mit den typischen blau eingefärbten Accessoires wurde von einem Vierventil-1.8-Liter mit G-Lader befeuert – und kam so auf 210 PS. Seine Ausstattung ließ keine Wünsche offen. Diese Rarität ist heute sehr gesucht und entsprechend teuer. Sie ist das Schwestermodell des Rallye-Golf, der zwecks Homologation des Golf II für den Rallyesport entstanden war – als „zivile" Sonderserie mit Zweiventil-1,8-Liter-G60-Motor und 160 PS. Zwischen 1989 und 1991 entstanden die erforderlichen 5.000 zweitürigen Exemplare im VW-Werk Brüssel. Äußerlich erkennbar ist diese Version an den Rechteckscheinwerfern und den ausgestellten Kotflügeln.

MOTOREN-BAUKASTEN

Volkswagen nutzt bei seinen Pkw seit Anfang der 70er zwei Benziner-Baureihen – den kleinen EA 801/111 mit 82 mm Zylinderabstand und den größeren EA 827, später EA 180 bzw. heute EA 888 mit 88 mm Stichmaß. Damit sind für die Vierzylinder 0,9 bis maximal 2,0 Liter Hubraum möglich. Die Vierventil-Technik debütierte in den 80er-Jahren. Seit dem Golf V werden zunehmend turboaufgeladene Benziner mit Direkteinspritzung installiert. Inzwischen kommen auch aufgeladene Dreizylinder-Benziner EA 211evo zum Einsatz. Außerhalb der EU – vor allem in den USA – wurde der Golf seit Generation IV mit einem solid-braven 2,5-Liter-Benziner mit fünf Zylindern und bis max 172 PS angeboten. Im Vergleich zu den moderneren TSI-Motoren ist er durstiger, aber robuster und drehmomentstärker. Die in den Golf-Generationen III bis V quer installierten Sechs- und Fünfzylinder in platzsparender VR-Bauart sind ein eigenes, mittlerweile verworfenes Thema.

FAKT 57

FAKT 58

NAMENSGEBER

Während Passat und Scirocco nach Winden benannt worden waren, erwog man für den Golf den Namen Blizzard. Aber auch die Bezeichnung Pony war im Gespräch. Dass er schließlich als Golf bezeichnet wurde, hat nichts mit dem elitären Sport, sondern mit dem Dressurpferd von VW-Manager Hans-Joachim Zimmermann zu tun. Sein Pferd namens Golf (!) war überaus erfolgreich und bewog Zimmermanns Chef, den Einkaufsvorstand Horst Münzner dazu, den neuen Kompakten so zu benennen. Andere Quellen meinen, für den Namen sei lediglich der Golfstrom bemüht worden.

OSTGESCHÄFTE

Auch in Zeiten des Kalten Krieges strebte Volkswagen Geschäfte mit dem Ostblock an. Aber neben ideologischen Belangen scheiterte dies viel zu oft am fehlenden Geld. 1977 wurde mit der DDR-Führung verabredet, 10.000 Golf nach Ost-Berlin zur „Internationalisierung des Straßenbilds“ zu schicken – bezahlt wurden sie mit Kompensationslieferungen: mit Öl, das die Sowjetunion geliefert hatte, mit Elektrowaren und Werkzeugmaschinen, mit dem Planetarium in Wolfsburg und sogar mit Dresdner Christstollen. Geliefert wurden Benziner-Versionen mit 1,1 Liter (50 PS) und 1,5 Liter (70 PS) sowie 1,5-Liter-Diesel (50 PS). Die Farben sorgten mit ihren Namen für unstillbares Fernweh: manilagrün, miamiblau, malagarot oder panamabeige. Späte Golf I und der Golf II kamen – neben anderen Westautos – im Anschluss über den Genex-Geschenkdienst in die DDR. Bis 1989 rollten insgesamt 50.000 VW-Modelle über ostdeutsche Straßen.

FAKT 59

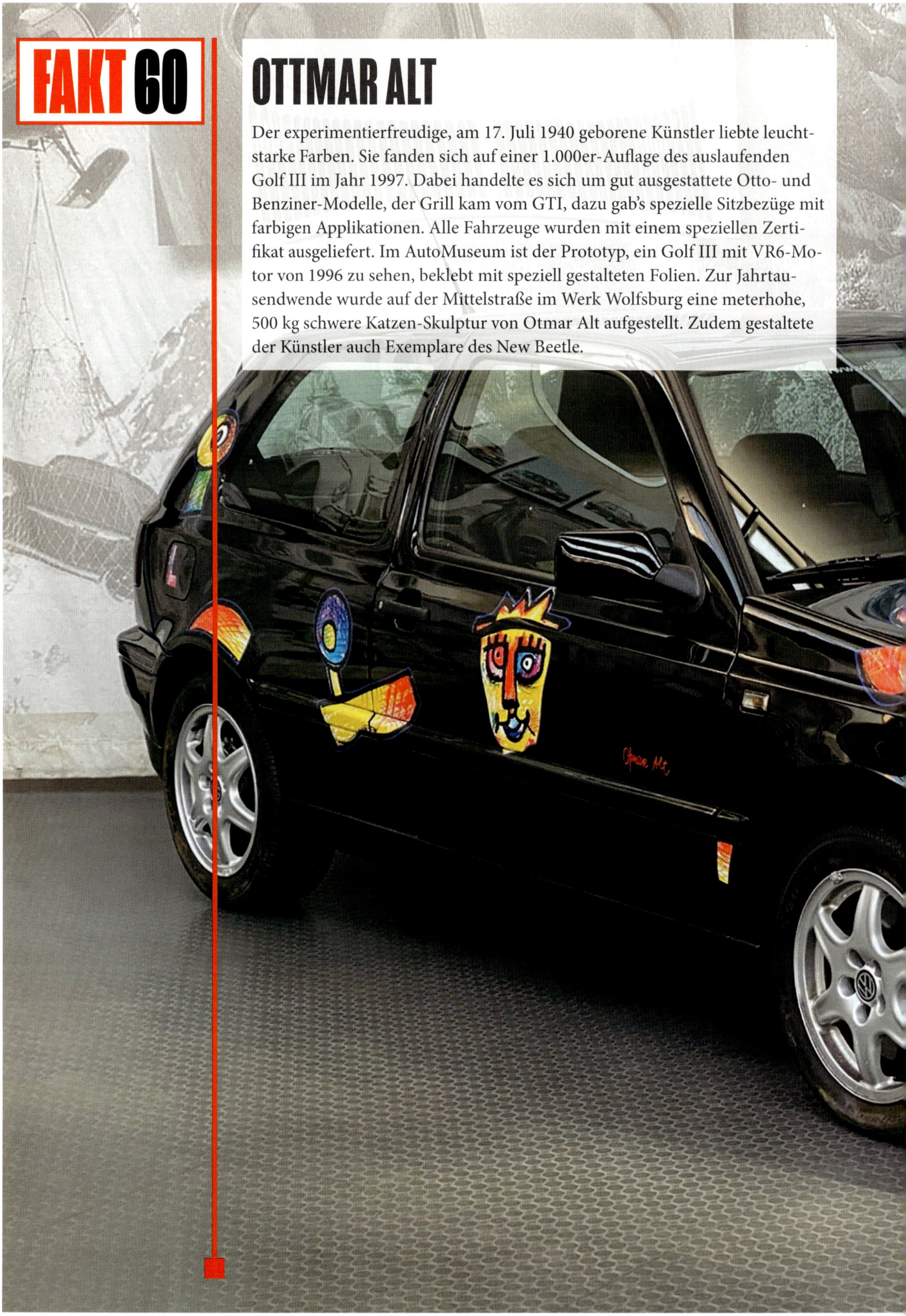

FAKT 60

OTTMAR ALT

Der experimentierfreudige, am 17. Juli 1940 geborene Künstler liebte leuchtstarke Farben. Sie fanden sich auf einer 1.000er-Auflage des auslaufenden Golf III im Jahr 1997. Dabei handelte es sich um gut ausgestattete Otto- und Benziner-Modelle, der Grill kam vom GTI, dazu gab's spezielle Sitzbezüge mit farbigen Applikationen. Alle Fahrzeuge wurden mit einem speziellen Zertifikat ausgeliefert. Im AutoMuseum ist der Prototyp, ein Golf III mit VR6-Motor von 1996 zu sehen, beklebt mit speziell gestalteten Folien. Zur Jahrtausendwende wurde auf der Mittelstraße im Werk Wolfsburg eine meterhohe, 500 kg schwere Katzen-Skulptur von Otmar Alt aufgestellt. Zudem gestaltete der Künstler auch Exemplare des New Beetle.

PIERBURG UND RHEILA

Von Anfang an setzte VW den Golf GTI im Rennsport ein. 1980 waren Per Eklund und Hans Sylvan mit dem ersten offiziellen Werks-Rallyewagen auf der Piste: Ihr 170 PS starker „Pierburg-Golf" auf GTI-Basis erreichte auf Anhieb Gesamtrang 5 bei der Rallye Monte Carlo. Und 1981 siegte ein weiterer von Alfons Stock und Paul Schmuck pilotierter Gruppe-4-Golf I bei der Deutschen Rallyemeisterschaft. Dieses in der Sponsorfarbe des Hustenbonbon-Herstellers Rheila giftgrün lackierte Auto („Rheila-Frosch") schöpfte über 175 PS aus 1,6 Liter Hubraum. Im zweiten Jahr seines Einsatzes bekam der „Rheila-Frosch" einen 197-PS-Vierventilmotor. Die Homologation wurde dadurch erfüllt, dass der französische VW-Importeur 400 Kunden-Golf mit Vierventil-Köpfen (Oettinger) abnahm. Wenig später – 1986 – gewannen Kenneth Eriksson und Peter Diekmann die Gruppe-A-Rallye-Weltmeisterschaft in einem Golf II GTI 16V mit inzwischen 215 PS. Zunächst mit dem Sponsor Triumph-Adler gebrandet, lief der Wagen anschließend mit Olivetti-Beschriftung.

FAKT 61

FAKT 62

PIKES PEAK

Das berühmteste Bergrennen der Welt lässt seit 108 Jahren rudelweise Motorräder und Autos die kurvenreiche, ursprünglich unbefestigte Piste zum Pikes Peak hinaufrasen. Der Berg (4.300 m ü NN) liegt nahe der Stadt Colorado Springs im US-Bundesstaat Colorado. In den 80er-Jahren wurden immer neue Rekorde geknackt, wobei als Krönung das Jahr 1987 gilt: VW-Werksfahrer Jochi Kleint galt mit seinem Bimotor-Golf II-Unikat als Favorit – war doch sein vom Wiener PS-Zauberer Kurt Bergmann aufgebautes Rennauto wie gemacht für den Sieg. Immerhin 652 PS aus zwei 1,8-l-Motoren trieben Vorder- und Hinterachse des Leichtgewichts an. Aber der Defekt einer Radaufhängung in Sichtweite der Ziellinie machte alle Hoffnungen zunichte. Stattdessen siegte Walter Röhrl auf dem Audi quattro Sport S1 – Basisauto war ein Gruppe B-Bolide – und markierte für Jahre einen neuen Rekord: Er durcheilte die 20-km-Piste in der Rekordzeit von 10 Minuten und 47,85 Sekunden.

FAKT 63

PIRELLI-GOLF

Pirelli und Volkswagen pflegten stets gute Geschäftsbeziehungen, zählte doch Pirelli zu den Erstausrüstern. 1974 hatte Fritz B. Busch mit dem damals nagelneuen, mit neuentwickelten Pirelli-P-Zero-Reifen bestückten Golf eine abenteuerliche Testfahrt entlang der Panamericana erfolgreich absolviert. 1983 kam dann das Pirelli-Sondermodell heraus – erkennbar an den speziell geformten Rädern und einigen typischen Accessoires. Die schicken, mit dem „P"-Logo verzierten Gussräder stammten von Isdera-Schöpfer Eberhard Schulz und sind heute gesucht und teuer. Ende 2007 gab es mit dem Golf V nochmals einen Golf GTI Pirelli, ausschließlich in Gelb, mit aufwändiger Innenausstattung und dem 230-PS-Motor der Edition 30.

FAKT 64

POTSDAMER PLATZ

Der erste Kombi kam 1993 mit der Golf-Generation III („Golf mit Happyend“, 30 cm länger) – als Reaktion auf den erfolgreichen Caravan von Opel. Viel harmonischer geraten war der Variant auf Basis des Golf IV, der 1999 in Berlin spektakulär präsentiert wurde: Da hievten Kräne je einen Golf- und einen Bora Variant aufs Dach des Sony-Centers am Potsdamer Platz. Mehr Aufmerksamkeit konnte man nicht erregen! Aber warum zwei nahezu baugleiche Autos unterschiedlich gebrandet offensichtlich zwei verschiedene Kundengruppen ansprechen sollten, blieb offen. Der Variant war nun 25 cm länger als der Schrägheck-Golf und fasste 460 bis 1.570 Liter. Gebaut wurde er bis 2006 an deutschen Standorten, die Motorisierungen reichten bis zum VR6. Auch von den Golf-Nachfolgegenerationen V bis VIII gab es Kombiversionen, die schlicht als Golf Variant liefen – irgendwelche Experimente unter dem Namen Jetta Variant unterblieben. Die Autos gerieten so ästhetisch und überzeugend, dass sie oft als Alternative für den Passat in Frage kamen.

POWER-SPITZE

FAKT 65

Neben den gewohnten Tuning-Golf gab es auch einige Ausreißer nach oben, die ungeahnte Leistungswerte bescherten. Einer dieser Extremtuner war der Schwede Hans Dahlbäck, der u.a. den Golf IV zum Power-Car machte: Angetrieben wurde das Monster von einem hochaufgeladenen 2,1-l-Fünfzylinder vom Audi Sport quattro S1. Der mit zwei Ladeluftkühlern versehene Mittelmotor leistete über 900 PS / 662 kW. Das Auto soll mehr als 300 km/h erreicht haben. Basis des 1.440 kg schweren Autos ist ein Gitterrohrrahmen mit Leichtkarosse. Wasser- und Ölkühler sitzen hinten, auf dem Dach thront ein großer Lufteinlass. Teilespender für Hinterachse und Stoßdämpfer war Audi. Der 2017 verstorbene Tuner bedachte in seinem Testament das AutoMuseum mit diesem Exoten.

FAKT 66

QUALITÄT

Von Generation zu Generation wuchsen die Qualitätsanforderungen an den Golf. War er anfangs noch als „Rostmeister“ verschrieen, kam schon mit Generation II ein korrosionsgeschütztes Langzeitauto, das teilweise heute noch tagtäglich eingesetzt wird. Den größten Sprung aber markierte der Golf IV mit vollverzinkter Karosserie – selbst das Dach wurde so geschützt. Das Werk konnte also getrost eine Durchrostungsgarantie für zwölf Jahre geben. Gegenüber den Vorgängern wurden zudem die Spaltmaße zwischen den Karosserieelementen deutlich verringert, was der Qualitätsanmutung zugutekam. Und erstmals wurden für die Rohkarosserie unterschiedlich belastbare Stahlsorten an den jeweils erforderlichen Stellen eingesetzt. Der damalige Vorstandsvorsitzende Ferdinand Piëch galt als Qualitätsfetischist und wurde hinter vorgehaltener Hand „Fugen-Ferdl“ genannt. Und die Qualitätsbemühungen liefen weiter, steht doch das Thema Nachhaltigkeit weit oben im Lastenheft.

FAKT 67

RABBIT

In den USA lief und läuft der Golf unter dem Namen Rabbit (Kaninchen). Das betraf nicht allein die ab 1978 in Westmoreland gebauten Exemplare mit den typischen eckigen Leuchten, sondern bereits die direkt aus Deutschland exportierten Autos. Die US-Versionen hatten mit Dämpfern versehene Stoßfänger, um gegebenenfalls mit maximal 5 mph (ca. 8 km/h) schadfrei zu crashen. Dazu kamen seitliche Reflektoren, integrierte Kopfstützen und eine Warnlampe bei nicht angelegtem Gurt. Aus Emissionsschutzgründen war für alle Rabbit ein Einspritzmotor serienmäßig.

In Westmoreland/Pennsylvania lief die Produktion bis zur Generation II im Jahr 1988, 100.000 bis 200.000 Einheiten des amerikanisierten Golfs entstanden jährlich. In Amerika wurden in der Folgezeit auch Diesel- und sogar (gegenüber Europa etwas leistungsschwächere) GTI-Modelle gebaut. Später ging ein Teil der Fertigungsanlagen nach China; die späteren Rabbit-Generationen kamen aus dem Werk in Mexiko. Übrigens: In Österreich angeboten wurde ein Sondermodell des Golf unter der Bezeichnung „Rabbit".

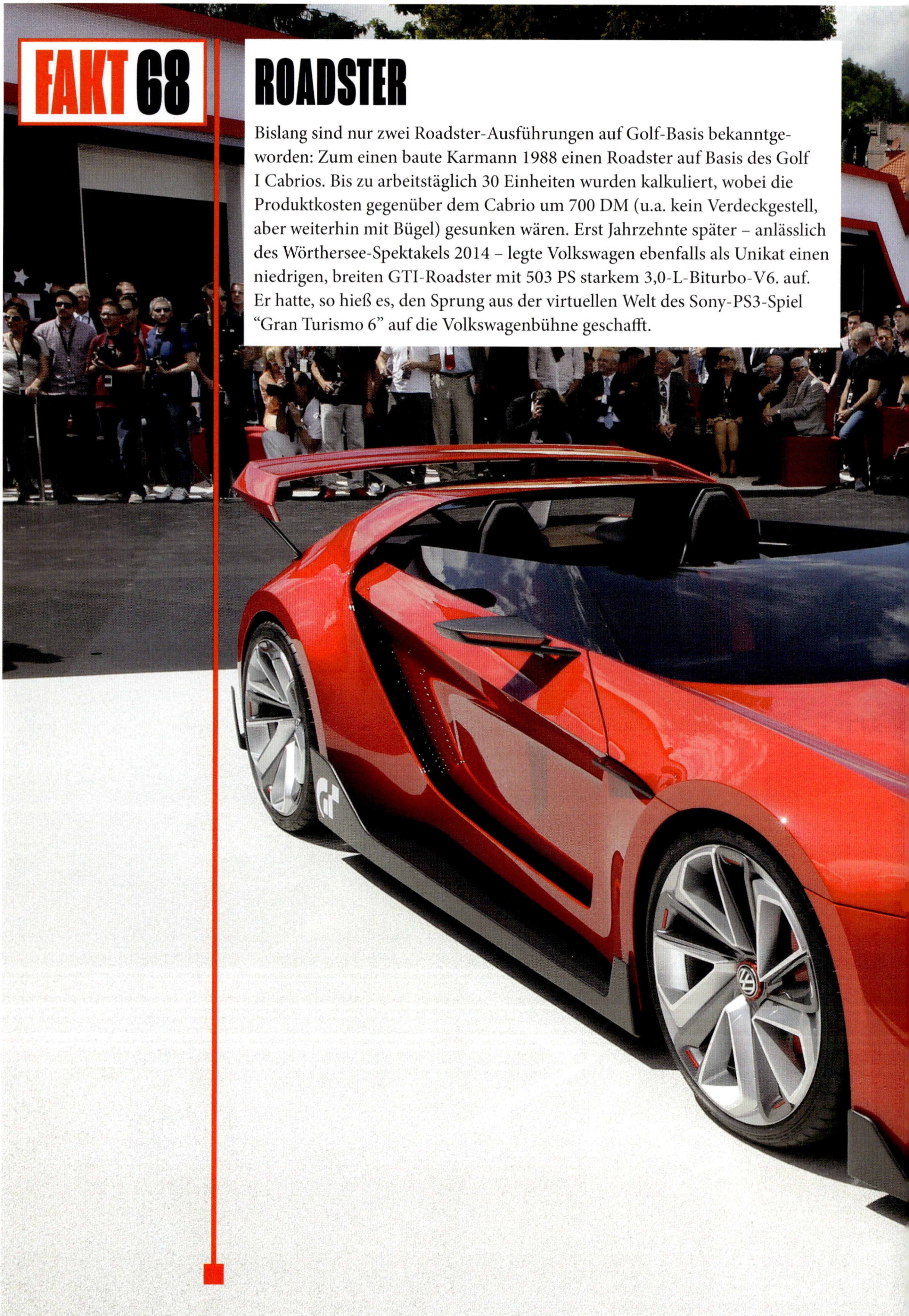

FAKT 68

ROADSTER

Bislang sind nur zwei Roadster-Ausführungen auf Golf-Basis bekanntgeworden: Zum einen baute Karmann 1988 einen Roadster auf Basis des Golf I Cabrios. Bis zu arbeitstäglich 30 Einheiten wurden kalkuliert, wobei die Produktkosten gegenüber dem Cabrio um 700 DM (u.a. kein Verdeckgestell, aber weiterhin mit Bügel) gesunken wären. Erst Jahrzehnte später – anlässlich des Wörthersee-Spektakels 2014 – legte Volkswagen ebenfalls als Unikat einen niedrigen, breiten GTI-Roadster mit 503 PS starkem 3,0-L-Biturbo-V6. auf. Er hatte, so hieß es, den Sprung aus der virtuellen Welt des Sony-PS3-Spiel "Gran Turismo 6" auf die Volkswagenbühne geschafft.

ROHBAU UND PRODUKTION

Volkswagen bezieht den Stahl vor allem aus dem nahen Werk Salzgitter und betreibt ein eigenes Presswerk. Im Rohbau werden dann auf mehreren Straßen die Pressteile zusammengefügt. Mit Einführung des Golf I 1974 hielten neue Produktionstechnologien Einzug. Sie erleichterten und reduzierten die manuelle Arbeit, was letztlich die Fertigung verbilligte. VW baute in Eigenregie Schweißroboter. Ein wichtiger Schritt war mit dem Golf II der bessere Rostschutz ab Werk. Laserschweißen und Vollverzinkung setzten in Generation IV Maßstäbe. Neben der Kostenreduzierung wurde angestrebt, trotz hoher Karosseriestabilität das Leergewicht zu minimieren. Volkswagen setzt deshalb inzwischen auf die Synergien des Modularen Querbaukastens (MQB) sowie auf hochfeste Stähle und fortschrittliche Produktionsverfahren. Ein aktueller Golf besteht aus mehr als 2.700 Einzelteilen und Komponenten, der Zusammenbau dauert heute ca. 14 Stunden, übrigens werden für die Fertigung 2.300 Roboter eingesetzt.

FAKT 69

FAKT 70

R-MODELLE

Der R-Golf bot die jeweils stärkste Motorisierung, verantwortet von der Volkswagen Individual GmbH. Allradantrieb war dabei ein Muss, um die Kraft auf die Fahrbahn zu bringen. Erstling war der R32 in Generation IV von 2002, der mit dem 3,2 Liter-VR6 (177 kW/241 PS) bestückt war. Auch der Golf V kam dann als R32 (184 kW / 250 PS). Der angedachte R36 erschien nur als Passat, aber VW zeigte im April 2014 einen Golf VII R400 mit 400 PS – von dem die Fans unverdrossen hofften, dass so ein Auto in Serie gehen würde. Im Rahmen der „Tune it safe"-Initiative entstand mindestens ein weiteres Exemplar, das heute im AutoMuseum steht. Immerhin legte Volkswagen 2023 ein Sondermodell anlässlich des 20. Jubiläums des R-Golfs auf: Bislang letztes großes Projekt war der R333 auf Golf-VII-Basis mit 333 Exemplaren und 333 PS, der trotz seines üppigen Preises von 76.410 Euro binnen Rekordzeit ausverkauft war.

FAKT 71

SCHIEBETÜR

Rechtzeitig vor dem Serienanlauf des Golf wurden Spezialfirmen wie Scharnier-Hersteller Lunke & Sohn von VW beauftragt, Sonderversionen aufzubauen. In diesem Fall ging es um eine Ausführung für Körperbehinderte, denen eine Schiebetür auf der Fahrerseite einen besseren Zugang gewährleisten sollte. Das 1973 entstandene Versuchsfahrzeug wies noch Merkmale auf, die mit dem Serienstart des Golf im März 1974 entfielen – beispielsweise Türöffner und Fensterkurbeln vom Käfer. Auch das Heckblech des Prototyps war anders geformt. Die Lunke-Ausführung ging nie in Serie und normalerweise hätte das Fahrzeug verschrottet werden müssen. Aber es überlebte und steht heute in der Golf-Sammlung von Josef Juza in Österreich. Anlässlich der damaligen Sonderausstellung „40 Jahre Golf" wurde es im AutoMuseum Volkswagen gezeigt.

FAKT 72

SCHWALBENSCHWANZ

Erkennungszeichen des frühen Golf von 1974/75 war der so genannte Schwalbenschwanz – eine geschwungene Sicke zwischen Rücklicht und Nummernschild im Heckblech. Deren Herstellung erwies sich als zu teuer, weshalb die Abschlusssicke bei den folgenden Jahrgängen horizontal durchgezogen wurde. Weitere prägnante Merkmale des Ur-Golf sind die Motorhaube ohne die vordere Quersicke, das Schaltschema am Instrumententräger, Keder zwischen Kotflügeln und A-Säule, Stahlgürtelreifen sowie die vertauschten Schriftzüge auf der Heckklappe. Frühe Golf sind heute heiß gesucht. Inzwischen tauchen Fahrzeuge auf, bei denen nachträglich der Schwalbenschwanz eingebracht worden ist.

SEE-GOLF

Der See-Golf, der 1983 auf dem Wörthersee für Aufsehen sorgen sollte, geht auf eine Anregung vom Forschungs- und späteren Technik-Chef Ernst Fiala zurück. Der war begeisterter Wassersportler und hatte ursprünglich an eine Art Amphibienfahrzeug gedacht, mit dem man auch beim Wasserski assistieren kann. Dafür wurde das Fahrzeug auf verschiedenen Messen und auf verschiedenen Kontinenten vorgestellt, aber die Resonanz überzeugte nicht. Für den Einsatz auf dem Wörthersee hat man einen 150-PS-Motor implantiert. Die zwei Pontons befanden sich – hydraulisch hochgehoben – während der Straßenfahrt über dem Fahrzeug, im Wasser stand der Golf mit seinen Rädern darauf. Strömungsuntersuchungen am 1:4-Modell dafür hat man im Hafenbecken von Wolfsburg vorgenommen. Heute befindet sich dieses Auto im AutoMuseum Volkswagen.

FAKT 73

FAKT 74

SICHERHEIT

Alle Baureihen des Golf waren auf die musterhafte Einhaltung aller Vorgaben zur aktiven und passiven Sicherheit ausgelegt. Dazu gehörten Crashtests und andere Prüfungen. Die Innenräume waren im Sinne der Insassensicherheit entschärft worden. Bereits das ursprüngliche Giugiaro-Modell erhielt eine weniger geneigte Frontscheibe, um die Folgen eines etwaigen Kopfaufpralls abzumildern. Ab Ende der 70er kam Sicherheitsglas zum Einsatz. Speziell für Post-Dienstfahrzeuge wurde ein Zwangsanlege-Gurtsystem entwickelt. Längst schon ist die Einhaltung von Sicherheitsnormen zum Verkaufsargument geworden.

SKURRILES

Unter den zahllosen skurrilen, außerhalb von VW initiierten Umbauten auf Golf-Basis stechen einige besonders hervor. Darunter sind die Teilnehmerfahrzeuge für das Gumball-Langstreckenrennen durch Europa. Der in Leichtbauweise gefertigte Prototyp GT Gumball von 2005 mit 234 PS glänzte mit seiner auffälligen Lackierung und den auf Rennsport getrimmten Innenraum. Gefahren wurde das Auto beim Gumball 3000 von dem japanischen Modedesigner Mark Eley Kishimoto und seinem britischen Beifahrer Jason MacLean. Ein Highlight war auch der Foliatec Milleneum von 1999 auf Basis des Golf IV. Die Frontscheibe war entfernt worden, und es kamen zwei Scherentüren zum Einsatz. Dieses Fahrzeug blieb natürlich gleichermaßen ein Einzelstück.

FAKT 75

FAKT 76

SPORTSVAN

Nachfolger des Golf Plus war mit Golf-Generation VII der sogenannte Sportsvan. Wie die ganze Modellgeneration basierte er erstmals auf der Modularen Querplattform (MQB). Auch der Sportsvan war ein eher vernunftbetontes Auto mit viel Platz, mehr Kopffreiheit und mehr Variabilität. Gebaut wurde er ab 2014 zunächst in Wolfsburg und danach bis 2020 gleichermaßen im chinesischen VW-FAW-Werk Foshan. Das Auto wurde ausschließlich als Frontriebler angeboten.

FAKT 77

SPORTLICHE VERWANDTSCHAFT

Wenige Monate vor dem Debüt des Golf erschien der nagelneue, ebenfalls von Giugiaro gezeichnete Scirocco (EA 398). Das wunderschöne Coupé auf Golf-Basis wurde bei Karmann in Osnabrück gebaut und ersetzte den Evergreen Karmann Ghia Typ 14. Cabrio-Versionen wurden zwar geprüft, aber zugunsten des Golf Cabrios verworfen. Die 1981 folgende, versachlichte Scirocco-II-Ausführung war von VW-Designchef Herbert Schäfer verantwortet worden. Mit zeitlicher Überlappung kam 1988 der Corrado – ebenfalls abgeleitet vom Golf, aber schon eher unterwegs Richtung eigenständiges Sportcoupé. Seine Motorisierung reichte bis zum VR6-Modell mit 160 PS, was sich aber leider auch in hohen Preisen niederschlug. Scirocco II und Corrado wurden ebenfalls bei Karmann produziert.

SPUCKNAPF-NABE UND SCHOTTENMUSTER-SITZE

Erkennungszeichen der ersten Golf GTI waren die sogenannte Spucknapf-Lenkradnabe und der – sorry! – sehr despektierlich „Tittentacho“ genannte gewölbte Blendschutz mit darunter liegender Geschwindigkeitsanzeige. Diese Features fanden sich weder bei späteren GTI wie der Pirelli-Version noch beim GTD oder beim Cabrio wieder, wurden aber gelegentlich nachgerüstet. Ebenfalls speziell für den Golf I in GTI-Ausführung erdachte und realisierte VW-Designerin Gunhild Liljequist eine auf Schottenmuster-Stoff basierende Innenausstattung. Lediglich das kultige Stoffdesign lässt sich heute noch für GTI und GTD bestellen.

FAKT 78

STANDORTE

Viele Käfer Produktionsstätten wurden auch für den Golf genutzt und entsprechend erweitert. In Deutschland entstand der Kompakte in Wolfsburg (heute allein 8.400 Mitarbeiter nur für den Bau des Golf), in Emden (bis 1977) und Zwickau-Mosel (sowie als Cabrio in Osnabrück). Bis heute wurden in Wolfsburg ca. 48 Millionen Autos hergestellt, davon ca. 20 Mio Golf. Bestjahre waren 2014/2015 mit jährlich jeweils einer Mio Golf. Außerdem lief er ab Generation IV im belgischen Werk Brüssel vom Band. Die damaligen syncro-Modelle waren Gemeinschaftsproduktionen mit Steyr-Daimler-Puch in Graz/Österreich. Weitere Standorte in Europa waren das slowakische Werk Bratislava und das jugoslawische Werk in Sarajevo, wo Lizenz-Golf gebaut wurden. Ein Teil der Wolfsburger Golf-Fertigung soll bis 2026 nach Posznan/Polen gehen. Übersee-Standorte für die Golf-Produktion befinden sich in Puebla/Mexiko, im brasilianischen Curitiba, in Changchun (China) sowie im südafrikanischen Port Elizabeth. In den USA baute man nur die Golf-Generationen I und II (Werk Westmoreland).

FAKT 79

FAKT 80

TCR

Mit der Abkehr vom Werks-Motorsport verlagerte VW ab 2016 seine Aktivitäten in die internationale TCR-Rennserie (Touring Car Racing) – für Kundenteams mit Renntourenwagen, die vom Golf VII abgeleitet wurden. Diese Fronttriebler mit modifiziertem 2.0-L-Turbomotor brachten zunächst 330, dann 350 PS bei 6.200/min und 420 Nm, mit DSG oder sequenziellem Renngetriebe, dazu mit verschärftem Exterieur (15 cm breiter, einstellbarer Heckflügel). Zwei Drittel der Komponenten waren identisch mit denen eines Serien-GTI. Allerdings erhalten die minimal 1.285 kg (inkl. Fahrer) schweren Autos keine Straßenzulassung. Ihr Stückpreis betrug ab 95.000 Euro, wobei eine komplette Saison ab 150.000 Euro kosten sollte. Bis 2019 entstanden mehr als 100 Einheiten.

Daneben bot VW den TCR auch als Serien-Golf VII TCR (ab 38.950 Euro) an. Gegenüber dem GTI Performance wurde er von 245 auf 290 PS leistungsgesteigert und hatte eine sportive Ausstattung. Rennwagen und Serienmodell erhielten 2018 ein Facelift. Wie im GTI Performance verhindert vorn eine elektronisch gesteuerte Differenzialsperre das Durchdrehen der Räder. Ein TCR-Wettbewerbsauto auf Golf VIII-Basis wurde nicht mehr realisiert – weil VW 2020 seine Motorsportaktivitäten endgültig beendete.

FAKT 81

TDI

Volkswagen war einer der ersten im Pkw-Bereich, der von der Vorkammer- bzw. der Wirbelkammer-Dieseleinspritzung zur Direkteinspritzung ging: Hier gelangt das Dieselgemisch unter relativ hohem Druck direkt in den Brennraum. Zunächst geschah dies dank einer Verteilereinspritzpumpe, später kam die Pumpedüse-Technologie und anschließend die Common-Rail-Technik zum Einsatz. Den besten Effekt erreicht man via Turboaufladung (darum TDI), zur weiteren Leistungssteigerung gern kombiniert mit einem Ladeluftkühler. Eingesetzt wurde über zwei Golf-Generationen aber auch die Einspritzung ohne Lader (SDI). Schon die Leistungsausbeute bei den im Golf III und IV eingesetzten 1,9-Liter-TDI erreichte beachtliche Steigerungsraten, das Ganze kombiniert mit Vierventiltechnik und variabler Turbinengeometrie (VTG). Ab dem Golf V setzte Volkswagen 2,0- und 1,6-Liter-TDI ein. 2008 löste die Common-Rail-Einspritzung die bisherige Pumpedüse-Hochdruckeinspritzung ab. Auch im Motorsport fuhr der TDI Erfolge ein – erstmals 1996 mit dem Golf III.

FAKT 82

TGI

Erste Golf mit Erdgasantrieb gab es mit Generation IV in Form des 2.0 BiFuel. Den Golf VI offerierte man als 1.6 BiFuel im Golf VI, und für den Golf VII gab es von Ende 2013 bis Ende 2016 als 1.4 TGI BlueMotion – mit Erdgasbetriebenem 110-PS-Turbomoto. Wegen der drei Gasbehälter im Boden reduzierte sich das Kofferraumvolumen. Für das Auto sprachen der reduzierte CO2-Ausstoß und die Unterhaltskosten (niedrige Kosten für Steuer, Versicherung und Kraftstoff). Kurz vor dem Modellwechsel zum Golf VIII im Sommer 2019 debütierte der 1.5 TGI mit 130 PS und nunmehr 400 km Reichweite. Im Golf VIII blieb der 1.5 TGI im Programm. Zusätzlich zu den Gastanks hatte die TGI-Version einen kleinen 9-L-Reserve-Benzintank für den Notfall. Wie auch bei den Vorgängern war der Motor für beide Kraftstoffe ausgelegt. („bivalent"). Werbewirksam wurden TGI-Fahrzeuge auch im Rennsport eingesetzt, beispielsweise bei den 24 Stunden auf dem Nürburgring im Mai 2008. Der hier eingesetzte GTI leistete 320 PS, verbrauchte deutlich weniger als ein reiner Benziner und kam auf Platz 57 im Gesamtklassement.

FAKT 83

TOKYO DRIFT (FAST & FURIOS)

Der R32 von 2005 (Basis Golf V) war der bis dahin stärkste und schnellste Golf. Dank 4motion und 250 PS kam er binnen 6,2 s von null auf hundert, bei 250 km/h wurde abgeregelt. 2006 wurde für „The Fast and the Furios: Tokyo Drift" (Teil 3 der Serie) ein modifizierter R32 eingesetzt – mit mehr Antriebskraft nach hinten dank geänderter Haldex-Auslegung, Scherentüren à la Lambo, Unterbodenbeleuchtung und riesigem Dachkantenspoiler. Eine deutsche Straßenzulassung hätte dieses Auto ganz sicher nie erhalten.

FAKT 84

TRESER-SPORTWAGEN

Walter Treser (18.4.1940 - 13.11.2021) baute ab 1982 aufwändige und einmalige Sonderfahrzeuge auf Audi- und VW-Basis. Auch Anbauteile und konstruktive Detaillösungen für den Golf wurden realisiert. Die Produktion eines eigenen Sportwagens in Berlin, des Treser TR1, eines Cabrio-Coupés mit Blechdach auf Golf-Basis, endete 1988 nach 24 gebauten Wagen, da dessen Finanzierung scheiterte. Geplant war auch eine eigene Rennserie, der TR1-Cup. Während die zivilen Fahrzeuge 130 PS brachten, kamen die Cup-Autos auf 170 PS und mehr.

FAKT 85

TSI

In den 90ern wurde von den Autoherstellern weltweit das Thema Direkteinspritzung wiederbelebt – im Gegensatz zur Saugrohreinspritzung gelangt hier das Gemisch unter hohem Druck direkt in die Brennräume. Volkswagen nannte diese Technologie FSI (Fuel Stratified Injection) und setzte sie erstmals mit dem Golf IV 1.6 FSI. Allerdings noch ohne Aufladung, die – das wusste man vom Diesel – ein Höchstmaß an Effizienz und Leistung bieten würde. Unter der Bezeichnung TSI (Turbo Stratified Injection) kombiniert man darum in Generation V Direkteinspritzung und Aufladung. Beim Golf V GT von 2007 wurde sogar eine Doppelaufladung mittels Turbolader und Kompressor für den 1,4-Liter realisiert. Später setzte man allein auf einen Turbolader und die direkte Kraftstoff-Einspritzung. Mittlerweile arbeitet in den Golf-Generationen VII und VIII sogar eine verbrauchsreduzierende Zylinderabschaltung in der 1,5-Liter-Version des kleinen EA 211evo-Triebwerks.

TUNING

Der Golf war von Anfang an prädestiniert für Leistungssteigerungen und damit verbundene Maßnahmen am Fahrwerk, dazu natürlich das optische Tuning. Oettinger, Kamei, Nothelle, auch HGP und MTM, stellten Flitzer vom Allerfeinsten auf die Räder. Oettinger brachte schon für den Golf I eine 16V-Version, die für „Normalkunden" allerdings nur in Frankreich zu haben war. Wie schmal die Grenze zwischen Machbarkeit und Peinlichkeit ist, demonstrierten die zahllosen Golf-Umbauten im Bogner-Film „Kamei Sahara" von 1990. Gerade das Tuning historischer Golf boomt heute, wobei der technische Aufwand bemerkenswert ist – mit überarbeiteten 16V-Motoren, schärferen Nockenwellen, Weber-Spezialvergasern, Fächerkrümmern, seilzuggeschalteten Getrieben, leistungsstarken Scheibenbremsen und GfK-Anbauteilen.

FAKT 86

FAKT 87

TWIN DRIVE

Ab 2008 startete Volkswagen einen Praxistest für den Hybrid-Elektro-Golf. Das Twin-Drive-Projekt wurde für 20 Golf Variant V bis 2012 angelegt. Auf Distanzen bis 50 Kilometer sollten sie rein elektrisch fahren können. Verschiedene Betriebsarten erlaubten die gleichzeitigen Nutzung von Elektro- und Verbrennungsmotor, bei der bis zu 170 PS Leistung erzeugt wurden. Mit dem Golf VI wurde die praxisnahe Twin-Drive-Erprobung fortgesetzt. Nachfolger der Hybrid-Idee war der erste Golf VII GTE von 2014 mit einem weiterentwickelten Plug-in-System. 2021, mit dem Golf VIII, vermeldete VW schließlich fünf verschiedene Hybrid-Modelle.

UNIKATE

Das eine waren die auf private Initiative erstellten Einzelstücke, das andere die vom Hersteller kreierten – allen voran die fürs Wörthersee-Spektakel gebauten Showcars. Am weitesten von der Serie entfernt hat sich der Golf V mit mittig eingebautem Zwölfzylinder, der heute im Zeithaus steht: Jener GTI W12-650 war anlässlich des Wörthersee-Festivals 2007 entstanden. Sein Motor stammte aus dem Phaeton und leistete unglaubliche 650 PS bzw. 750 Nm. Der Spurt von null auf hundert soll nur 3,7 sec gedauert haben, theoretisch wären wohl 325 km/h möglich gewesen. Auch der GTI Roadster passt in die Exoten-Kategorie, ebenso der breite Golf GTE Sport von der IAA 2015 mit den Aufsehen-erregenden Scherentüren. Der Plug-in-Hybridflitzer (1,6 l mit 300 PS plus zwei E-Motoren) aus Karbon brachte 400 PS und 280 km/h Topspeed.

FAKT 88

FAKT 89

VÄTER DES GOLF

Kurt Lotz, Nachfolger von Nordhoff, hatte die undankbare Aufgabe, den Erben des Käfers zu etablieren. Er vergab Entwicklungsaufträge, musste gegen stärkste interne und externe Schwierigkeiten angehen – und 1972, noch vor dem Debüt des Golf, das Haus verlassen. Sein Nachfolger Rudolf Leiding konnte, so heißt es, den Golf nicht mehr verhindern. Allerdings standen die echten Macher nur in der zweiten Reihe. Allen voran Hans-Georg Wenderoth (früher bei NSU), aber auch Werner Holste, Gerhard Choné und Ekkehard Döhring kämpften mit Herzblut für den neuen Kompakten.

FAKT 90

VERBRAUCHSREKORDE

Schon in den Anfangstagen der Automobilität wurden neben konventionellen Rennen auch Wettbewerbe um niedrigste Verbräuche ausgetragen. Mit dem beginnenden Einzug der Elektromobilität in den 80ern wurden derartige Prüfungen auch mit E-Autos wie dem CitySTROMER ausgetragen. Sie liefen vor allem in Österreich, Italien und der Schweiz. Neben diversen Kleinstserien- und Behelfsautos waren auch professionell präparierte Golf II und Jetta II CitySTROMER dabei, die bis ca. 1993 als Favoriten bei diesen E-Grand-Prix an den Start gingen. Präpariert wurden sie überwiegend von VW-Technologiepartner RWE.

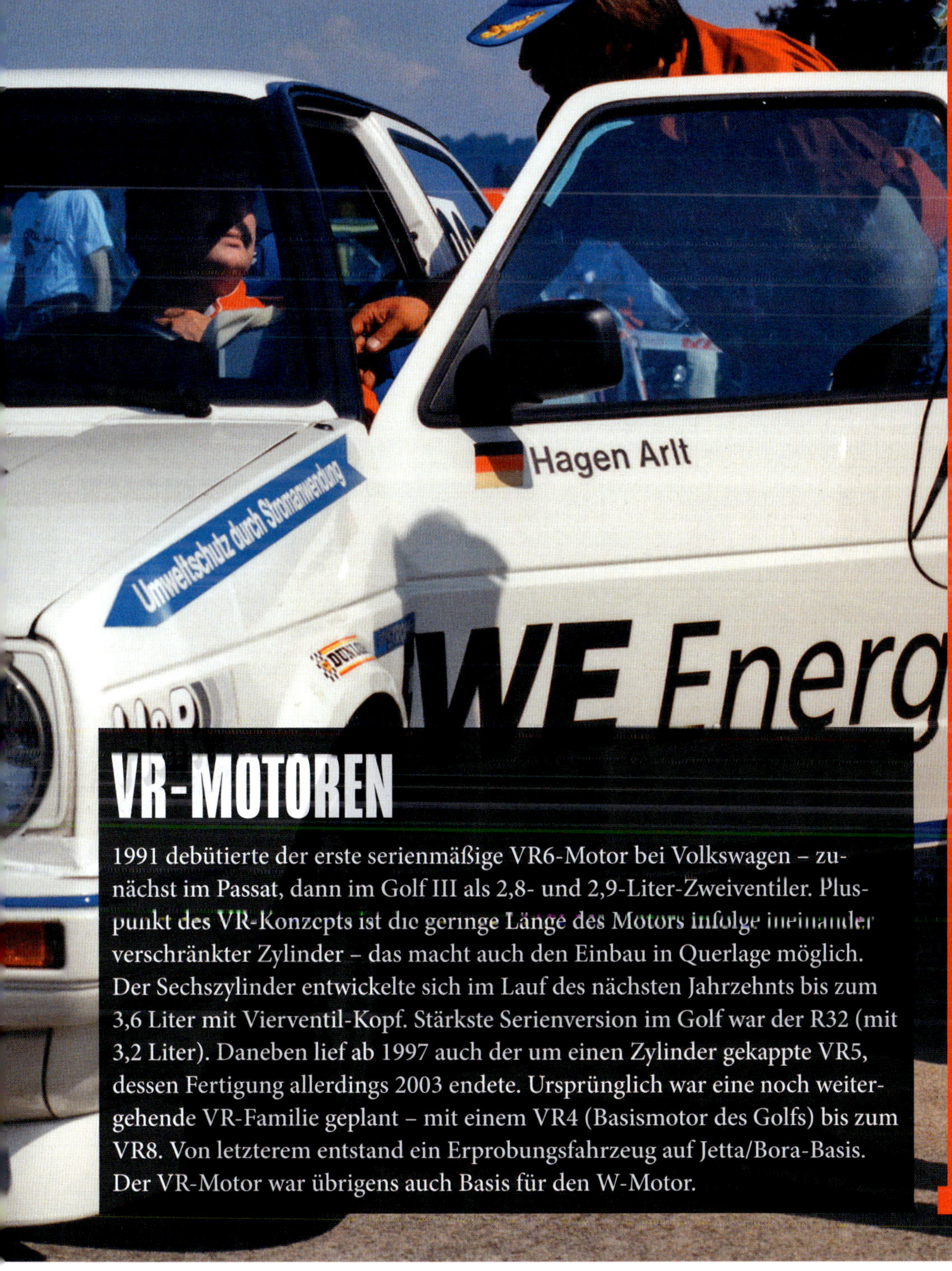

VORLÄUFER

FAKT 91

Viel zu lange hatte VW am Käfer festgehalten. Als die Nachfrage zurückging, wurden die verschiedensten Nachfolgelösungen geprüft. Aufträge dafür gingen an VW selbst, aber auch an Audi, Porsche und Pininfarina. Einfachste Lösung wäre ein Kompakter mit Käfer-Motor vorn und mit dem kargen Mobiliar des Krabblers gewesen (EA 276). Ein anderes Projekt war der hausintern aufgebaute Zweitürer mit eigenentwickeltem Vierzylinder-Reihenmotor und Heckantrieb via Kardanwelle (EA 235). Am aufwändigsten geriet der von Porsche zugesteuerte EA 266 mit teurem Unterflurmotor, der es bis in die Serienvorbereitung schaffte. Giugiaros Unternehmen Ital Design kam erst hinzu, nachdem alle anderen Projekte – bei denen es sich stets um zeitgemäße Schrägheckautos handelte – gescheitert waren.

VR-MOTOREN

FAKT 92

1991 debütierte der erste serienmäßige VR6-Motor bei Volkswagen – zunächst im Passat, dann im Golf III als 2,8- und 2,9-Liter-Zweiventiler. Pluspunkt des VR-Konzepts ist die geringe Länge des Motors infolge ineinander verschränkter Zylinder – das macht auch den Einbau in Querlage möglich. Der Sechszylinder entwickelte sich im Lauf des nächsten Jahrzehnts bis zum 3,6 Liter mit Vierventil-Kopf. Stärkste Serienversion im Golf war der R32 (mit 3,2 Liter). Daneben lief ab 1997 auch der um einen Zylinder gekappte VR5, dessen Fertigung allerdings 2003 endete. Ursprünglich war eine noch weitergehende VR-Familie geplant – mit einem VR4 (Basismotor des Golfs) bis zum VR8. Von letzterem entstand ein Erprobungsfahrzeug auf Jetta/Bora-Basis. Der VR-Motor war übrigens auch Basis für den W-Motor.

FAKT 93

WACHSTUM

War der Golf I von 1974 noch ein Kleinwagen mit dem Radstand des Käfers und einem Leergewicht ab 750 kg, wuchs er von Generation zu Generation Richtung Untere Mittelklasse. Aber zu Beginn überragte ihn der Käfer in der Länge um 37 cm! Der aktuelle Golf VIII ist um ca. einen halben Meter länger und ca. 500 kg schwere als das Urmodell. Und er basiert heute auf der Modularen Querplattform, die erheblich mehr Möglichkeiten bereithält als in den vorhergehenden Generationen. Mittlerweile sind zahllose Sicherheitsfeatures und Ausstattungen an Bord, von denen vor 50 Jahren niemand zu träumen wagte.

GENERATIONEN-VERGLEICH

Golf I: 3.705 x 1.610 x 1.390 mm, Radstand 2.400 mm, ab 750 kg
Golf II: 3.985 x 1.665 x 1.415 mm, Radstand 2.475 mm, ab 845 kg
Golf III: 4.020 x 1.695 x 1.405 mm, Radstand 2.471 mm, ab 960 kg
Golf IV: 4.149 x 1.735 x 1.439 mm, Radstand 2.512 mm, ab 1.050 kg
Golf V: 4.204 x 1.759 x 1.470 mm, Radstand 2.578 mm, ab 1.155 kg
Golf VI: 4.199 x 1.779 x 1.461 mm, Radstand 2.578 mm, ab 1.217 kg
Golf VII: 4.255 x 1.799 x 1.442 mm, Radstand 2.637 mm, ab 1.205 kg
Golf VIII: 4.282 x 1.789 x 1.458 mm, Radstand 2.619 mm, ab 1.255 kg

FAKT 94

WERBUNG

Seit den Hoch-Zeiten der Käfer-Werbung (…läuft und läuft und läuft) hatte Volkswagen ein gutes Händchen für seine Werbung. Gerade der Golf I – der sich ja von seinen hauseigenen Konkurrenten Käfer abheben musste – wurde geradezu genial beworben. Dabei gab man sich weltmännisch und verwies auf spezielle Exportmärkte. In den 90ern kam ein Verantwortlicher auf die merkwürdige Idee, ein Werberteam von Leuten zu bilden, die bisher mit Autos noch nie zu tun hatten. Und möglichst auch keinen Führerschein hatten – hoffend, dass sie so die besten Kampagnen fahren würden, um Automuffel zu erreichen. Das Team um Herrn Bertil ist vor allem damit im Bewusstsein geblieben, dass jeder Neuwagenkäufer ein Buch „seines“ Autos geschenkt bekam – mit wenig Technik, aber ganz viel Drumherum bis hin zu Reisetipps.

FAKT 95

WETTEN, DASS …?

Gelegentlich steuerte Volkswagen Autos für die ZDF-Spielshow „Wetten, dass …?“ zu. So am 22. Februar 1992, als der Stuntman Johann Redl wettete, mit einem Golf III Diesel am Reck Salto und Handstand machen zu können. Die Wolfsburger wollten die Werbewirkung dieses Spektakels nutzen und beauftragten Spezialisten der Forschung und der VW-Tochter IAV, binnen nur zehn Tagen ein Auto zu präparieren. Es musste übrigens ein Diesel sein, weil ein Ottomotor wegen seines Vergasers nicht in allen Lagen funktioniert hätte. Der damalige Wirbelkammer-Selbstzünder reichte völlig, aber er wurde um eine Trockensumpfschmierung mit gleich zwei Hydraulikpumpen und einem speziellen Tank ergänzt – damit löste sich das Problem, des nach unten fließenden Kraftstoffs, wenn das Auto in Überkopf-Stellung war. Abgeschaut hatten sich das die Techniker, von denen einer Hobbyflieger war, vom Kunstflug. Sensibel Gas gegeben wurde über einen Handgriff, verzögert wurde die Vorderachse über eine Doppelzangenbremse aus dem Audi S8. Keine Frage: Der Live-Auftritt gelang!

FAKT 96

WOLFSBURGER TRADITIONSPFLEGE

Das 1985 gegründete AutoMuseum Volkswagen (ab 1992 Stiftung) war Ansprechpartner in puncto automobiler Heritage. Der Standort, eine frühere Textilfabrik im Osten Wolfsburgs, wurde aber trotz diverser Anläufe nie in einen zeitgemäßeren Neubau überführt: Etwa 150 Fahrzeuge sind ausgestellt, weitere 100 befinden sich in den Depots. Darunter sind Prototypen und Unikate. Üppiger ausgestattet ist die Autostadt als Beitrag von Volkswagen für die Expo 2000. Herzstück ist das Zeithaus – ein Automuseum für alle Marken und Typen: Im Zeithaus und in dessen Schaudepot sind auch automobile Legenden der Wettbewerber ausgestellt. Die reich bestückte Volkswagen-Collection des Zeithauses umfasst einmalige Pretiosen bis zum Golf V W12.
Seit 2009 koordiniert Volkswagen Classic als Abteilung innerhalb der PR-Abteilung die Präsenz historischer VW auf der Straße – bei Rallyes, Ausstellungen und bei Produktneuvorstellungen. Für Pressevertreter war VWC der erste Ansprechpartner. Die schnell aufgebaute Sammlung fahrbereiter Exponate wurde 2010 um die Museumsstücke der früheren Karmann-Sammlung bereichert, so dass man heute über ca. 300 Fahrzeuge vom frühen Käfer bis zu aktuellen Technologieträgern verfügt.

WÖRTHERSEE

Volkswagen ist die Marke mit den meisten Clubs und Interessengesellschaften weltweit. Allein in Deutschland gibt es ca. 500 derartiger Fan-Gemeinschaften. Neben den Käfer-Freunden sind es vor allem Liebhaber des Golf GTI, die regelmäßig und begeistert feiern. Das große GTI-Treffen am Wörthersee war eines der weltweit größten Volkswagen-Treffen. Es fand seit 1982 jeweils für vier Tage (beginnend am Mittwoch vor Christi Himmelfahrt bis zum darauf folgenden Samstag) im österreichischen Reifnitz am Wörthersee statt. Die Veranstaltung hatte zeitweise bis zu 200.000 Besucher. Der VW-Konzern trat dabei als offizieller Sponsor auf. Extra für dieses Treffen stellte VW aufsehenerregende Showcars. In der Ära Piëch präsentierten sich nicht nur VW-Fahrzeuge, sondern auch Neuerungen der anderen Konzernmarken. Aufgrund der zunehmend negativen Wahrnehmung des GTI-Treffens hat die verantwortliche Gemeinde Maria Wörth die Veranstaltung ab 2023 beendet. Daraufhin ging die Veranstaltung nach Wolfsburg.

FAKT 97

EXZESSIVE

Beim Wörthersee-Festival 2009 sorgte die Studie des Golf VI GTI Exzessive für Aufsehen: Ausgestattet mit dem 2,0-l-TSI-Vierzylinder kam der 250 PS / 184 kW starke Zweitürer auf 250 km/h. Frontspoiler, Luftleitelemente und Heckdiffusor des Rotmetallic-farbenen Wagens waren in schwarzem Klavierlack ausgeführt. Die schwarz eloxierten 19-Zoll-Räder wurden mit Toyo-235/35 ZR 19 Halb-Slicks bestückt. An eine Serienumsetzung ist nie gedacht worden.

FAKT 98

FAKT 99

YELLOW SPEED

Im September 2005 brachte Volkswagen eine streng limitierte Sonderserie des Golf V heraus – den Yellow und den Orange Speed, basierend auf den Originalfarben vom Lamborghini. Den Antrieb besorgten ein 2,0-Liter-FSI-Motor mit 150 PS oder ein 140-PS-TDI. Die mit einer speziellen Ausstattung aufgewerteten Fahrzeuge hatten ab Werk keinen Heckscheibenwischer (entsprechend lochfreie Scheibe). Dem Vernehmen nach hatte der damalige Betriebsrat Bernd Osterloh das mit Auszubildenen realisierte „Projekt mit jugendlichem Outfit" losgetreten. Je 100 dieser speziellen Autos wurden ausgeliefert und fanden reißenden Absatz.

FAKT 100

ZEBRA

Der Motorsport mit dem Golf erfolgte sowohl mit einem Golf I GTI als auch mit dem Diesel: 1978 starteten zwei Golf I Diesel in der neu ausgeschriebenen Klasse bei der Rallye Monte Carlo. Gefahren wurden die 803 kg leichten Autos von Jochi Kleint/Andy Hänsch und Eckhart Schimpf/Christoph Memel. Im Gegensatz zu ihren Serienpendants hatten sie bereits Turbodiesel-Motoren (Serie erst 1982). Sie leisteten nur knapp 60 PS, ließen sich aber auf über 5.000/min drehen. Kleint/Hänsch fielen als 20. in der Gesamtwertung aus, Schimpf/Mehmel kamen bis ins Ziel. Den Klassensieg errang ein französisches Privatteam auf Golf Diesel. Auf den 83. Gesamtrang kam schließlich ein Team der Auto Zeitung auf Golf Diesel (50 PS), die zuvor bei Dauerversuchen 100.000 km zurücklegten und dann auf die RMC gingen.